おもしろ生き物研究

カラスのジョーシキってなんだ？

柴田佳秀・文
マツダユカ・絵

子どもの未来社

この本に登場するカラスたち

もくじ

第一章　カラスのジョーシキ

第二章　カラスのセーカツ

カラスの
セーカツ
イカスだろ？

第三章　カラスのウワサ

第一章

カラスの
ジョーシキ

オイラは、東京の町はずれにすんでいる、
ハシブトガラスのカーキチだよ。
どうも人間たちは、カラスをきらっているようだ。
でも、人間たちはどのくらいカラスのことを知ってるんだろう？
カラスには、カラスのジョーシキってものがあるんだ。
きみは、カラスのジョーシキ、どのくらい知っている？

1

みんなで寝《ね》ればこわくない

これカラスのジョーシキ？

オイラたちが、どこで寝《ね》ているか知っているかい？

巣《す》で寝《ね》ていると思った人、大まちがい。巣《す》で寝《ね》るのはヒナだけで、親鳥は寝《ね》ないんだ。

正解《せいかい》は、高い木の枝《えだ》にとまって寝《ね》ている。寝《ね》ぼけて落ちちゃいそうだけど、鳥はあしを曲げると、指をぎゅっとにぎる仕組みになっているので、ぐっすり寝《ね》ていても落ちないんだ。

そして、寝《ね》るときはたくさん集まって寝《ね》ることが多い。こういう鳥が集まって寝《ね》る場所を「ねぐら」というんだけど、ときには一万羽《ば》を越《こ》えるカラスが集まることもある。

いったいどうして、そんな大集団《だいしゅうだん》をつくって寝《ね》るんだろう？

きみは一人で寝《ね》るのと、何人かの人と寝《ね》るのでは、どっちがこわくないかな？

もちろん一人じゃないよね。じつは、オイラたちもおんなじだ。

たとえば天敵《てんてき》のワシミミズクなどが近づいてきても、おおぜいで寝《ね》ていれば、きっとだれかが気がつくよね。危険《きけん》に気がついたカラスが、「たいへんだあ！」と大さわぎすれば、ねぐらのみんなにも伝《つた》わって、逃《に》げられるというわけだ。

これが一羽《わ》だったらどうなるかな？　ぐっすり寝《ね》ていて気がつかないかもしれない。

「みんなで寝《ね》ればこわくない！」から、どんどんカラスが集まってきて、おしまいに大集団《だいしゅうだん》になっちゃうんだ。

それと、おおぜいでいたほうが、天敵《てんてき》に襲《おそ》われる可能性《かのうせい》が少なくなるということもある。一羽《わ》でいるよりも、自分がねらわれる確率《かくりつ》が減《へ》るからね。

オイラたちが木の上で寝《ね》ていることはわかったと思うけど、じゃあ、ねぐらはどんなところにあるか知っているかい？

おおぜいが集まって寝《ね》るわけだから、とうぜん木がたくさんある場所。そう、森だ。でも、ただの森じゃない。

いちばん大切なのは安全であること。

天敵《てんてき》にいつもねらわれていたら、安心して寝《ね》ていられないからね。

さいきんは、町のなかの公園が人気なんだ。それも大きな町のなかにある公園の森がいい。

人間がいて危険《きけん》なように思えるけど、かえってフクロウなどの天敵《てんてき》がいないから安全なんだ。それと冬はあたたかいということもある。山より町はあたたかいからね。

じつは、森じゃないところで寝《ね》るカラスもいる。

オイラの親戚《しんせき》のハシボソガラスは、冬のあいだ、駅の電線にとまって寝《ね》ることがある。どうしてこんなところで寝《ね》るのか、オイラにはよくわからないけど、きっと寝心地《ねごこち》がいいんだろうねえ。

2 カラスは長生きだ

これカラスのジョーシキ？

「カラスって何歳《さい》まで生きるの？」ほんとこれ、よく聞かれるんだ。

どうやらみんな、オイラたちの寿命《じゅみょう》が気になるみたいだね。でも、カラスにかぎらず動物の年齢《ねんれい》を正確《せいかく》に調べるのは、とってもむずかしいんだ。だって、野鳥の誕生日《たんじょうび》なんてふつうはわからないからね。じつは、オイラも誕生日《たんじょうび》を知らないんだ。でも、人に飼《か》われていれば年がわかることがある。イギリスのロンドン塔《とう》で飼《か》われていたワタリガラスは、44年間も生きたんだって。それと、オイラの友だちのハシボソガラスのガーコちゃんは、ヒナのときから人に飼《か》われていて、なんと34歳《さい》！　元気だからもっと長生きするかもしれない。けっこう長生きなんだなって、ビックリした？

ところが、野生《やせい》では10歳《さい》くらいしか生きられないんだ。天敵《てんてき》に襲《おそ》われるなどの危険《きけん》が多いからね。それでも野生《やせい》で長生きしたなかまもいる。それは、東京の上野公園でくらしていたハシブトガラスで、足に調査《ちょうさ》のための数字が書かれたリングをはめていた。そのリングがいつ、つけられたか調べてみると、なんと、19年4カ月前だったことがわかったんだ。リングがつけられたのがヒナのときだったので、このカラスは19歳《さい》だということだね。これが野外で一番長生きしたハシブトガラスの世界記録《きろく》だ。

3 カラスは「カアー」と鳴く

これカラスのジョーシキ？

オイラがなんて鳴くか、きみは知っているよね。そう「カアーカアー」。これはカラスのジョーシキだよね。でも「カアー」って鳴くのは、オイラたちハシブトガラスだけなんだ。同じカラスでも、ハシボソガラスはにごった声で、「ガアー」って鳴くんだ。ぜったいに「カアー」とは鳴かない。じつはこれが、ハシブトガラスとハシボソガラスのいちばん確実《かくじつ》な見分け方なんだよ。

カラスは種類《しゅるい》によって、みんな声がちがっている。大きなワタリガラスは「カポン、カポン」と鳴き、小さなコクマルガラスは「キュン、キュン」と鳴く。カラスはみんな「カアー」と鳴くと思ったら、大まちがいだ。

それにオイラたちだって、いつも「カアーカアー」鳴いているばかりではないぞ。ワタリガラスみたいに「カッポン、カッポン」と鳴いたり、「ガガガガ」とか「グルグルグル」など、いろんな声が出せる。三十種類《しゅるい》くらいはあるけど、じつは、自分でもどのくらいあるかわからない。怒《おこ》ったときや相手にあまえるときなど、状況《じょうきょう》によって出す声がきまっている。たまに「アホー、アホー」と聞こえることがあるけど、べつに人間をバカにしているわけではないので、気にしないでね。

4

カラスはうるさい

これカラスのジョーシキ？

オイラたちは、大さわぎが大好《だいす》きだ。だから、ついつい大きな声を出しちゃう。それでよく人間から「うるさい！」って、怒《おこ》られちゃうんだけどね。

でもね、うるさいのには理由がある。オイラたちハシブトガラスは、今は町のなかにすんでいるけど、ふるさとは森なんだ。

森は木がたくさんはえているから、相手のすがたがあまりよく見えない。でも、声ならすがたが見えなくても聞こえるよね。だからオイラたちは、いろいろな声を使って、なかまと連絡《れんらく》をしあうようになったんだ。そのほうがべんりだからね。

町の生活になっても同じように、いつも

カァーカァー
「オイラは ここ」
カカカカカ
「みんな あつまれ」

鳴いて、家族やなかまと連絡《れんらく》をとりあっているんだ。ビルなどの建物《たてもの》がたくさんある町は、森と同じで、相手のすがたがよく見えないから、声での連絡《れんらく》はじつにつごうがいいんだよ。

では、どんなときにどんな声で鳴いているか、少し教えてあげよう。

まず、朝のゴミ置《お》き場《ば》では、澄《す》んだ声で「カアーカアー」と鳴くことが多い。これは「オイラはここにいるよ」と鳴いているんだ。

あと、「カカカカカカ」という声。これは「みんな、おいしい食べものがあるよ。集まれー」という意味がある。たくさんの

アーアーアー
「オイラの なわばりだ」
ガーガーガー
「おこってるぞ！」

ごちそうが入ったゴミ袋《ぶくろ》は、一人で食べるよりも、みんなでつついてばらばらにしたほうが早く食べられるよね。ゴミ収集《しゅうしゅう》の人が来ちゃうから、早く食べないとならないんだ。だから、みんなでさっと、すばやく食べてしまおうという作戦《さくせん》だ。

巣《す》の近くでは、「アーアーアー」と鳴きながら、翼《つばさ》を高く持ち上げる動作をする。「ここはオイラのなわばりだぞ」ということをみんなに知らせているんだ。

「ガーガーガー」という鳴き声が聞こえたら、要注意《ようちゅうい》だ。これは怒《おこ》っているときの声。そうとう頭にきているから、人間は気をつけてほしいな。

夫婦《ふうふ》で飛《と》んでいるときも、たいてい一羽《わ》が「カアー、カアー」って鳴いている。これはたがいにはぐれないようにしているんだ。「オイラはここだよ」って。

カラスはとっても夫婦仲《ふうふなか》がいいんだ。

5
カラスは夜でも目が見える

これカラスのジョーシキ？

「鳥目《とりめ》」という言葉を聞いたことがあるかな？　鳥は暗いところでは目が見えないという意味なんだ。でも、オイラは暗くてもちゃんと目が見えるし、夜だって空を飛《と》べるんだ。どうだい、すごいだろう！

もし鳥目《とりめ》だったら、とてもたいへんなことになる。だって、考えてみてごらん。夜に天敵《てんてき》がきたらどうする？　目が見えなかったら逃《に》げられないよね。そんなドジじゃあ、きびしい野生の世界では生きていけない。

じつは、鳥のほとんどは鳥目《とりめ》じゃないんだ。たとえば、渡《わた》りをする小鳥の多くは、夜に飛《と》んで移動《いどう》する。昼間は、こわいタカに襲《おそ》われる危険《きけん》があるから、タカが寝《ね》ている夜に飛《と》ぶんだ。ただし、まったく光がない真《ま》っ暗闇《くらやみ》だと、さすがに見えないけどね。

じゃあ、なんで「鳥目《とりめ》」なんて言葉ができたのか。それは、人間が飼《か》っているニワトリが、暗くなると目が見えなくなるからなんだ。夜だとかんたんに手でつかまえられるから、鳥は目が見えないって思いこんだんだね。それでも実験《じっけん》では、ニワトリだって少しは見えているということもわかっているんだけどね。

6 カラスには強いボスがいる

これカラスのジョーシキ？

「そのカラスはボスだから気をつけなさい！」ゴミ置《お》き場《ば》を掃除《そうじ》するおばさんが、よくゴミを捨《す》てにくる人にそう言っているけど、じつはちがうんだよね。

たぶん、おばさんがボスと思っているのは、オイラの友だちのクロスケのことだ。あいつは体が大きいし、ケンカが強いからそう見えるんだろうね。もし、ほんとにボスだったら、ケンカが強いだけじゃなくて、みんなを守ったりまとめたり、リーダーらしいことをするよね。

でも、クロスケはそんなことはぜったいにしない。ただ、いばっているだけなんだ。オイラたちの世界には、ボスなんかいない。

見張《みは》り役《やく》がいるとも言われるけど、これもほんとうじゃない。ゴミ置《お》き場《ば》の少し離《はな》れたところにいるカラスは、見張《みは》り役《やく》のように見えるけ

ど、実際《じっさい》は力が弱いやつなんだ。だから、強いカラスが食べ終わるまで、おとなしく待っているんだよね。そんなときに、人が近づいてきたら警戒《けいかい》して「カアーカアー」って鳴く。それがまるで見張《みは》りをしているように見えたんだろうね。

カラスの世界には、役割分担《やくわりぶんたん》なんてないんだよ。

じゃあ、オイラたちは、いつでもそれぞれがバラバラに行動しているかというと、そんなことはないよ。

カラスの基本的《きほんてき》な行動単位《たんい》は夫婦《ふうふ》だ。オイラもオクさんのクロミとはいつもいっしょ。とってもなかよしなんだ。ウソだと思ったら、こんど飛《と》んでいるカラスをよく見てごらん。だいたい二羽《わ》で飛《と》んでいるはずだから。

じゃあ、まだ結婚《けっこん》していないカラスは、どうしているかって？

若者同士《わかものどうし》が集まってくらしている。でも、かならず群《む》れのメンバーが決まっているわけではなく、けっこう入れかわったりする。そして、その中で彼女《かのじょ》や彼氏《かれし》を見つけて、やがて夫婦《ふうふ》になるんだ。もちろん若者《わかもの》の群《む》れでも、リーダーや見張《みは》り役《やく》などの役割《やくわり》は決まっていない。オイラたちは自由が好《す》きだからね。

ハシブトガラスのピンポイント法《ほう》

ゴミ袋《ぶくろ》の中で食べられそうなものを見つけたら、
ピンポイントでくちばしで穴《あな》をあけて、つかみだすぞ。
のどの袋《ふくろ》にためたら、安全な場所でゆっくり食べるんだ！

7

カラスはスズメと同じなかまだ

これカラスのジョーシキ？

オイラたちが、あの小さなスズメと同じなかまだと言ったら、「ウソでしょ!」と、ふつうは思うだろうね。でもね、これホント。

鳥をなかま分けすると、スズメもカラスも「スズメ目《もく》」と呼《よ》ばれるなかまに入るんだ。スズメ目《もく》は、ものすごく種類《しゅるい》が多いグループで、全世界の鳥の種類《しゅるい》の半分以上がこの中に入る。ほとんどがスズメほどの大きさの小鳥なんだけど、カラスだけはとびぬけて大きいんだ。だから、スズメとカラスが同じなかまと言われても、信《しん》じられないかもしれないね。

でも、体つきをよく見ると、カラスは小鳥とあまりかわらない。スズメの体型《たいけい》をものすごく大きくした感じだ。首が長いハクチョウや、立ち上がった姿勢《しせい》のペンギンなんかとは、明らかに体の形がちがうのがわかるよね。

また、もの知りのスミじいから聞いたんだけど、鳴き声を出す「鳴管《めいかん》」という体の部分が、カラスはスズメのなかまと似《に》たようなつくりなんだって。

自分の体のことなのに、オイラにはなんだかピンとこないけどね。

8

黒くない カラスがいる

カラスといえば「まっくろけ」というのがジョーシキ。オイラだって、そう思っていたんだ。ところが、カーミラ夫人《ふじん》から外国の話を聞いて、そんなジョーシキがふっとんだ。世界にはまっ黒じゃないカラスが、いくつもいるんだそうだ。

いちばんびっくりしたのは、日本ではまっ黒のハシボソガラスも、ヨーロッパでは黒と灰色《はいいろ》のツートンカラーなんだって。あまりにも色がちがうので、「ズキンガラス」って呼《よ》ばれているけど、ハシボソガラスと同じ種類《しゅるい》だという。その証拠《しょうこ》にまっ黒なハシボソガラスと結婚《けっこん》することがあって、子どももできる。子どもはズキンガラスとハシボソガラスの中間的な色になるんだそうだ。

日本にだって白黒のカラスがいる。コクマルガラスという、秋になると外国から飛《と》んでくる、ハトくらいの小さなカラスだ。30年くらい前までは、九州に行かないと出会えなかったけど、最近《さいきん》では、日本のあちこちの水田にいるみたいだ。

オイラはまだ会ったことがないけど、写真を見せてもらったら、まるでパンダみたいだった。オイラもあんな色だったら、こんなにきらわれないんじゃないかと思って、ちょっとうらやましかったな。

黒くないカラス

日本

ホシガラス
高い山にいるカラス。
体に星のようなテンテンもようがある。

コクマルガラス
ハトくらいの小さいカラス。
中国やロシアから飛《と》んでくる。

黒くないカラス

世界

ズキンガラス
ヨーロッパにいるカラス。
黒いズキンをかぶっているように見える。

オオハシガラス
エチオピア高地にすむ
クチバシが巨大《きょだい》なカラス。

キバシガラス
ヨーロッパアルプスやヒマラヤの高山に
すむ、くちばしの黄色いカラス。

9
ハシブトとハシボソ、どうちがう？

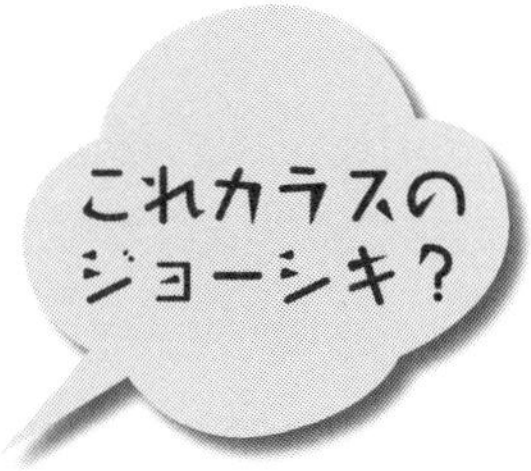

　オイラたちハシブトガラスとハシボソガラスの確実《かくじつ》な見分け方は、鳴き声だって前に言ったけど、じゃあ、鳴かなかったら見分けられないじゃないって思った？

　いいや、鳴き声を聞かなくても見分ける方法《ほうほう》はあるんだ。

　たとえばくちばし。名前の「ハシブト」と「ハシボソ」は、くちばしの太さのことを意味している。ハシブトのほうが太くて、ハシボソのほうが細いから、この名がつけられたんだ。実際《じっさい》に定規《じょうぎ》ではかってみると、くちばしを横から見た高さは、ハシブトは25～30・5㎜、ハシボソは17～21・2㎜で、ハシブトガラスのほうが約《やく》1㎝は太い。でも、一羽《わ》だけだと、太いんだか細いんだかわからなくなっちゃうことがある。

　図鑑《ずかん》によく書いてある見分け方に、くちばしから頭にかけてのラインのちがいがある。ハシブトはおでこが盛《も》り上がっていて、くちばしと頭のラインに段差《だんさ》がある。ハシボソは盛《も》り上がっていないので、ラインに段差《だんさ》がなく、なめらかだ。

　ただ、オイラたちハシブトガラスでも、おでこの羽毛《うもう》をペタン

くちばしの太さに注目！

ハシブトガラス　　ハシボソガラス

と寝《ね》かせて、ハシボソみたいになるときがあるから、だまされないように注意《ちゅうい》してね。

歩き方もちがうぞ。ハシボソガラスは地面を歩くとき、左右の足を交互《こうご》にだして歩く。人間と同じ歩き方だね。だけど、ハシブトガラスは両足をそろえて、ピョンピョン飛《と》んで移動《いどう》する。交互《こうご》に足を出して歩くこともできるんだけど、ちょっとにがてなんだ。とくにあわてたときは、ピョンピョン飛《と》びと交互《こうご》歩きがまじって、変《へん》な歩き方になっちゃうんだ。

さて、上級者向けの見分け方も教えちゃおう。それは体の大きさだ。ハシブトは全長57㎝だけど、ハシボソは50㎝とひとまわり小さい。だからパッと見た感じは、ハシボソのほうがかわいくて、きゃしゃな感じがするんだ。でもこれは、かなりたくさん見ないとわからないかもね。

もっと上級者向けの見分け方は、目のつき方のちがいだ。ハシブトは目が出っぱっているようについている。いっぽうハシボソは目が出っぱっていない。ハシブトとハシボソの顔の印象《いんしょう》がなんとなくちがって見えるのは、そのためだ。

これがわかるようになると、きみもカラス博士《はかせ》級《きゅう》だ。まあ、いろんなちがいがあるけど、どれか一つだけじゃなくて、いろいろ合わせてみて判断《はんだん》するのが大切だよ。

どこがちがう？

ハシブトガラス

ハシボソガラス

10 オスとメスでは、色がちがう

これカラスのジョーシキ？

オイラのことを見て、オスかメスかすぐにわかる人いるかな? たぶんいないだろうなあ。カラスなんてどれを見てもまっ黒だし、大きさだってみんな同じだからね。ことわざで、「カラスの雌雄《しゆう》」というのがあるんだけど、これは「見分けられないこと」という意味なんだ。昔の人だって、オスかメスか見分けられなかったんだよ。

もちろんオイラたちにはオスかメスか、かんたんにわかる。だって見分けられなかったら結婚《けっこん》できないじゃない。

じつは、オイラたちの目では、オスとメスはちがった色に見えるんだ。「ウソだあ!」と思うかもしれないけれど、鳥と人では目の仕組みがちがうから、見えている世界もちがう。だから、人間のキミにはまっ黒にしか見えなくても、オイラたちの目では、オスとメスの色はちがって見えるわけさ。(*38ページ注参照)

見分けられないと知ってざんねんがっているキミに、いいことを教えてあげよう。人間でも、カラスのオスとメスを見分けられる方法《ほうほう》がいくつかある。

たとえば大きさ。二羽《わ》が並んでいるときに注意《ちゅうい》深く観察《かんさつ》してごらん。大きさがちがうのがわかるはずだ。大きいほうがオスで、小さいほうがメスなんだ。それとくちばしの大きさにもちがいがあって、オスのほうが太くて立派《りっぱ》だ。ただこの方法《ほうほう》だと、一羽《わ》のときは比《くら》べられないのでわからないという弱点がある。それと、鳥は羽《はね》をふわっとふくらませたり、きゅっとしぼませたりできるので、大きさがずいぶんちがって見えるときがあるので注意《ちゅうい》してね。

　行動でもわかるときがあるよ。いちばん確実《かくじつ》なのは、交尾《こうび》のときの位置《いち》。オスはメスの背中《せなか》に乗って交尾《こうび》をするので、パッと見ただけでわかるはずだ。でも、こんなチャンスは春しかないから、いつでもわかるわけではないのがざんねんだね。

カラスの夫婦《ふうふ》
左がオスで右がメスだよ！

あしあとクイズ

どっちがハシブトガラスで
どっちがハシボソガラスかな？

（ヒント）
右、左、右、左って
チョコチョコ
歩くのが
とくいだよ

（ヒント）
ピョンピョン
飛《と》んで
歩くのが
とくいなんだ

答え：右がハシブトガラスで左がハシボソガラス

＊注：じつはカラスの雌雄《しゆう》による色のちがいの確実《かくじつ》な証拠《しょうこ》はまだありません。しかし、多くの鳥類では見つかっているので、その可能性《かのうせい》はとても高いと言えます。

11

カラスのくちばしは黄色い

これカラスのジョーシキ？

オイラにはちょっとゆるせないことがあるんだ。マンガや絵本にかかれているカラスのくちばしは、ほとんど黄色い。これは日本だけじゃなくて、世界中どこでも同じらしいよ。でもこれっておかしいと思わない？　キミも知っているように、じっさいのカラスのくちばしの色はまっ黒だ。黄色いくちばしのカラスなんて見たことがない！

プンプン怒《おこ》っていたら、長老《ちょうろう》のスミじいが「ヨーロッパやヒマラヤにいるキバシガラスは、その名のとおり、くちばしが黄色いんじゃよ」と言うから、びっくりした。

なんでも、このカラスがすんでいるのは、アルプスやヒマラヤの３５００～５０００ｍもの山岳地帯《さんがくちたい》なんだそうだ。なかには８２３５ｍというとんでもない高さに飛《と》んできたやつがいて、これはもっとも標高《ひょうこう》の高い場所で見られた鳥の世界新記録《しんきろく》なんだって！

８０００ｍというと空気が薄《うす》いので、登山するのに酸素《さんそ》ボンベを吸いながら登る高さだ。ふつうは生きものなんていない。そんな過酷《かこく》な場所でカラスを見た登山家は、目を丸くしておどろいただろうね。鳥のオイラだって、ちょっと信《しん》じられないよ。でもね、カラスのくちばしを黄色くぬった人は、キバシガラスのことなんて知らないと思うよ。だから、オイラたちのくちばしは、やっぱり黒くかいてほしいなあ。

12

カラスは旅が好《す》き！

これカラスのジョーシキ？

「旅ガラス」って、知っているかな？　決まった家がなくて、旅をしながらくらしている人のことをいうんだけど、じゃあ、じっさいのカラスも旅が好《す》きかっていうと……。

　大人のハシブトガラスが、旅をすることはほとんどない。一度、自分のなわばりをもつと、ずっとその近くでくらしている。留守《るす》にすると、なわばりをほかのカラスにとられちゃうからね。

　となりのカラスに「留守《るす》のあいだをよろしく」とたのめれば旅に出られるけど、カラスの世界にはそんな親切なやつはいないからなあ。たまには温泉《おんせん》でも行きたいけどね。

　でも、まだ結婚《けっこん》をしていない若《わか》いカラスは旅をすることがある。巣立《すだ》ったあとは、親のところ

旅ガラス＝ワタリガラス

から追い出されるから、自分がくらせる場所を求《もと》めて旅に出るんだ。旅といっても、ふつうは5キロくらいしか飛《と》んでいかないけど、なかには何十キロも飛《と》んでくやつがいるよ。北海道のハシボソガラスのなかには、北海道から本州まで移動《いどう》したやつがいるから、これにはおどろいたねえ。

季節《きせつ》によってすみかをかえるやつもいる。カラスでいちばん大きいワタリガラスは、名前の通り、ロシアから北海道に冬になると渡《わた》ってくるんだよ。

それと、ミヤマガラスは、夏は中国やロシアの繁殖地《はんしょくち》でくらしているけど、寒くなると日本に渡《わた》ってきて冬をすごし、あたたかくなるとまた繁殖地《はんしょくち》に帰っていく渡《わた》り鳥だ。

まさにこいつらは、正真正銘《しょうしんしょうめい》の旅ガラスだね。

旅ガラス＝ミヤマガラス

こんなところにカラスが

カナダ先住民クワキウトル族のトーテムポール
てっぺんにいるのはワタリガラス、“レイヴァン”と呼《よ》ばれる
（ロイヤル・ブリティッシュコロンビア博物館サンダーバード公園）

第二章

カラスのセーカツ

アタイ、ハシブトガラスのクロミ。
カラスのセーカツって、なかなかイケテるのよ。
でも、こまることもあるんだけどね。
なにがって?
それはこの章を読んでみればわかるわよ。
カラスライフのこと、あなたにも知ってほしいわ。

1

カラスはなんでも食べるぞ！

カラスのセーカツイカスだろ？

「カラスは、なんでも食べちゃうんだよね」と、よく言われる。どうやらオイラたちは、ものすごい食いしんぼうだと思われているらしい。たしかに、ゴミにむらがってガツガツ食べているから、そんな感じがするんだろうね。

でもね、こう見えても意外と味にはうるさいんだぞ。好《す》ききらいだってちゃんとある。その証拠《しょうこ》に、オイラたちが食いちらかした朝のゴミ置《お》き場《ば》をよく見てごらん。まだ食べられそうなものが、たくさん残《のこ》っているだろう。あれ、きらいな食べものなんだ。だから、ポイポイ捨《す》てちゃう。それであたりをよごすから怒《おこ》られるんだけどね。

いちばんおいしくないなあって思うのは、なんといっても野菜《やさい》だね。だって、味もそっけもないじゃない。ニンジンはくわえてみたことがあるけど、のみこむ気がしなかったよ。キャベツなんて、ただの葉っぱにしか見えない。モンシロチョウじゃあるまいし、どうしてあんなものを食べるのか、さっぱりわからないよ。あとね、魚も好《す》きじゃない。

え？　意外だって。まあ、ほかに食べるものがなければ食べるけどね。ところが、ハシボソガラスは魚が好《す》きなんだって。へんなやつらだよねえ。

反対に、今度は好《す》きな食べものを教えちゃおう。いちばん大好《だいす》きなのは、なんといっても肉！　それも脂身《あぶらみ》がたくさんついている肉がサイコーだ。ああ、言っているそばからヨダレが出ちゃう。果物《くだもの》も好《す》きだよ。ミカンにリンゴ、ブドウ、ほんとにおいしいねー！　とくにサクランボとビワには目がないよ。だけど、バナナはちょっとにがてかな。野菜《やさい》のなかでも、トウモロコシやトマトは好《す》きだよ。あまくてジューシーな食べものが好《す》きなんだ。

そうそう、きみはオイラたちがゴミばかり食べているって思ってないかい？　それは大まちがい。もちろんゴミ以外もいろいろなものを食べている。なかでもいちばんよく食べるのは昆虫《こんちゅう》だ。セミにバッタ、こわいスズメバチだって平気で食べちゃうんだから、すごいだろ！　あとよく食べるのは、木の実かな。甘《あま》い木の実だけじゃなくて、ウルシやハゼといった、かわいた木の実も大好物《だいこうぶつ》。かわいた木の実には脂《あぶら》がたくさん入っているので、食

べると元気が出るんだよ。

　自然《しぜん》の中でもやっぱり肉がいちばん食べたい。だから、鳥のヒナや動物の子どもを襲《おそ》うこともあるよ。ハトもとってみようかな、と思うんだけど、だいたいが逃《に》げられちゃうなあ。タカみたいに鋭《するど》い爪《つめ》をもっていないから、すべって逃《に》がしちゃうんだ。でも、たまにはうまくいくことがあって、ごちそうにありつける。ハトを食べるなんて残酷《ざんこく》だって？　生きてくためにはしかたない。

　死んだ動物もよく食べるよ。でも、なかなか死んだ動物なんて見つからない。たまーに、大きなシカの死体なんて見つけたら、何日食べてもなくならないからラッキー！　それにオイラたちがきれいに死体を食べることで、すばやく片付《かたづ》けることになる。だから「森のそうじやさん」とも呼《よ》ばれているんだ。自《し》然《ぜん》の中でとても大切な仕事を、オイラたちカラスがやっていることを忘《わす》れないでほしいね。

2 カラスはマヨラーだ!

カラスのセーカツイカスだろ?

オイラの好《す》きな食べもので、じつはまだ教えていないものがあるんだ。それは、マヨネーズ。卵《たまご》と油でできているマヨネーズは、あまりにもおいしすぎて、めまいがするくらい。マヨネーズがかかっていれば、紙でもビニールだって食べちゃうよ。唐揚《からあ》げのマヨネーズがけなんていったら、もうたまらない。とにかくオイラは、油っこいものが大好《だいす》きなんだ。油そのものだって、なめちゃうからね。

オイラたちは、キミたちからしたら「そんなの食べるの？」と思うようなものまで食べるぞ。いちばんおどろかれたのは、「せっけん」と「ろうそく」かな。え、今おどろいたって？　せっけんは、オイラたちの目から見ると、油でできたかたまりに見える。だから食べるのはあたりまえなんだ。たしかにあまりおいしくはないから、ちょっとずつしか食べないけどね。冬は寒いから、油が必要《ひつよう》になって食べたくなるんだ。

そんなせっけん好《ず》きの行動が、思わぬ事件《じけん》になってしまったことがある。それは千葉県にすむオイラのなかまがひきおこした。幼稚園《ようちえん》の庭にある手洗《てあら》い場の蛇口《じゃぐち》には、網《あみ》に入ったせっけんがぶら下がっているよね。オイラのなかまは、そのせっけんを一カ月のあいだに60こも持っていっちゃったんだ。でも、幼稚園《ようちえん》の先生は、まさかカラスが持っていくとは思わないよね。きっと、こわい人がいやがらせのためにせっけんを盗《ぬす》んだんじゃないかと思って、警察《けいさつ》を呼《よ》んで、犯人《はんにん》さがしをしてもらったんだ。

ミカンの網《あみ》がずたずたに切られていたから、犯人《はんにん》はナイフを持っていると考えられた。たいへんだ！　けれど犯人《はんにん》は見つからず、その間も、せっけんだけが消えていった。そこで、最後《さいご》の手段《しゅだん》として防犯《ぼうはん》カメラを取りつけた。

次の朝、カメラにはカラスが写っていた。

「なーんだ、カラスが犯人《はんにん》だったんだ」ということで、事件《じけん》は解決《かいけつ》したってわけ。そんなことで大さわぎするなんて、人間って、ほんとおもしろいねえ。

ろうそくも、オイラたちにとっては食べものだ。でも、キミたちがよく使っているろうそくは、まずくて食べない。食べるのは「和ろうそく」という、芯《しん》が太くて、昔から日本で作られているものだ。和ろうそくの原料《げんりょう》は、オイラたちの大好物《だいこうぶつ》のハゼの木の実だから、おいしいんだよ。これが人間にとっては信《しん》じられないらしい。そして、そのためにまたまた事件《じけん》が起きてしまった。

京都のある神社では、たくさんの和ろうそくが使われている。外で、火がついている状態《じょうたい》でだ。そのろうそくを京都のカラスが見つけて、よろこんで持っていった。それも火がついたまま。よく、動物は火をこわがるというけど、そんなことはないんだよね。そりゃ、さわれば熱《あつ》いけど、べつにこわいもんじゃないよ。

ろうそくはたくさんあったから、食べきれないものは、落ち葉の下にかくした。そしたら、火がついて火事になっちゃったんだ。「いや〜、おどろいたよ！」って、京都のカラスは言ったらしいけど、ほんとうにおさわがせしてすみません。

でも、おいしいものがあればどうしても食べたくなるので、オイラたちにとられないように気をつけてください、としか言いようがないなあ。

3

カラスはみんなで食べるのが好《す》き

カラスのセーカツイカスだろ？

オイラたちが、どうやって食べものを見つけているか知ってるかい？　ゴミを出すと、どこからともなく飛《と》んでくるから、においでわかるんじゃないかって？

でもこれは大まちがい。じつはオイラたち、においがよくわからないんだ。においに敏感《びんかん》な動物は、脳《のう》にある「嗅球《きゅうきゅう》」という部分が大きく発達《はったつ》しているんだけど、カラスはとても小さいんだって。どおりでにおいに鈍感《どんかん》なわけだ。

じゃあ、どうやっているか……。その答えは目。オイラたちはほんとうに目がいいからね。もちろん色だってよくわかるよ。とくに赤いものには要注意《ようちゅうい》だ。赤は肉の可能性《かのうせい》が高いからね。ゴミ袋《ぶくろ》って半透明《はんとうめい》で中がよく見えるから、とてもさがしやすいんだ。

なかまの動きを見て、食べもののありかを知ることもよくあるよ。おいしいものを発見したときは、急いで飛《と》んでいくよね。そんな行動を見逃《みのが》さないようにしているんだ。そんなカラスのあとをついていけば、獲物《えもの》にありつけるというわけだ。

まあ、食べるものがたくさんある場合、たくさん集まって、サッと解体《かいたい》して食べちゃうほうが効率《こうりつ》がいい。なかには、わざと声を出してなかまを集める場合もある。とにかくみんなで協力《きょうりょく》して生きていくのも、カラスの利口《りこう》なくらし方というわけさ。

4
だいじなものは かくしておく

カラスのセーカツイカスだろ？

キミたちは、お年玉はちゃんと貯金《ちょきん》をしているかな？　もしかして全部すぐに使っちゃってないかい？　その点、オイラたちカラスは、ちゃんと貯金《ちょきん》をしているぞ。

といっても、カラスの世界にはお金はないから、貯《た》めているのは食べものだ。こういう行動を、鳥の学者さんは「貯食《ちょしょく》」と名づけているんだって。

食べものがたくさんあるとき、いっぺんに食べるのは、いくら食いしんぼうのオイラでもできない。そんなときは、どこかにかくしておいて、あとで食べるんだ。オイラののどは、ポケットのようになっていて、ものを入れて運ぶことができる。

こんどゴミ置《お》き場《ば》でエサを食べているカラスがいたら、よく見てごらん。飛《と》び立っていくカラスののどが、ふくらんでいるのがわかるはずだ。そして、ビルの屋上など、ほかのカラスがこない場所で、のどから食べものを出して食べはじめる。そうしないと、ほかのカラスに食べものを横取りされるからね。

おなかいっぱいになると、あまった食べものはどこかにかくす。かくす場所はどんなところを選《えら》ぶと思う？　いろいろあるんだけど、よく使うのは植木鉢《うえきばち》のかげかな。あとは鉄パイプの穴《あな》の中とか、都会にはいろんな場所があるから、かくすところにはこまらない。プランターの土の中に埋《う》めることもあるよ。そんなときは、ていねいに葉っぱを乗せる。そうしないと、ほかのカラスに見つけられちゃうからね。

そうそう、いちどニワトリの卵《たまご》を、マンションの玄関《げんかん》の植木鉢《うえきばち》にかくしたことがあるんだ。そしたら、その家の人に卵《たまご》が見つかっちゃって、さわぎになったことがあったなあ。知らないいまに、ニワトリが卵《たまご》を産《う》んだと思っちゃったんだよね。近くにニワトリなんていないのに、「ミステリーだ！」と気味悪がっていた。まさか、カラスのしわざとは思わなかったんだろうね。

「かくした場所は忘《わす》れないかって？」

心配ご無用《むよう》。オイラたちは記憶力《きおくりょく》がずばぬけていいから、そんなヘマはしないよ。１００カ所くらいは平気でおぼえられる。カーミラ夫人《ふじん》から聞いた話では、オイラたちの親戚《しんせき》にあたるアメリカのカケスのなかまは、かくした場所を１０００カ所もおぼえているんだって。これにはオイラもビックリだ。世界は広い。上には上がいるもんだなあ。

5 これがカラスの一日だ！

カラスの
セーカツ
イカスだろ？

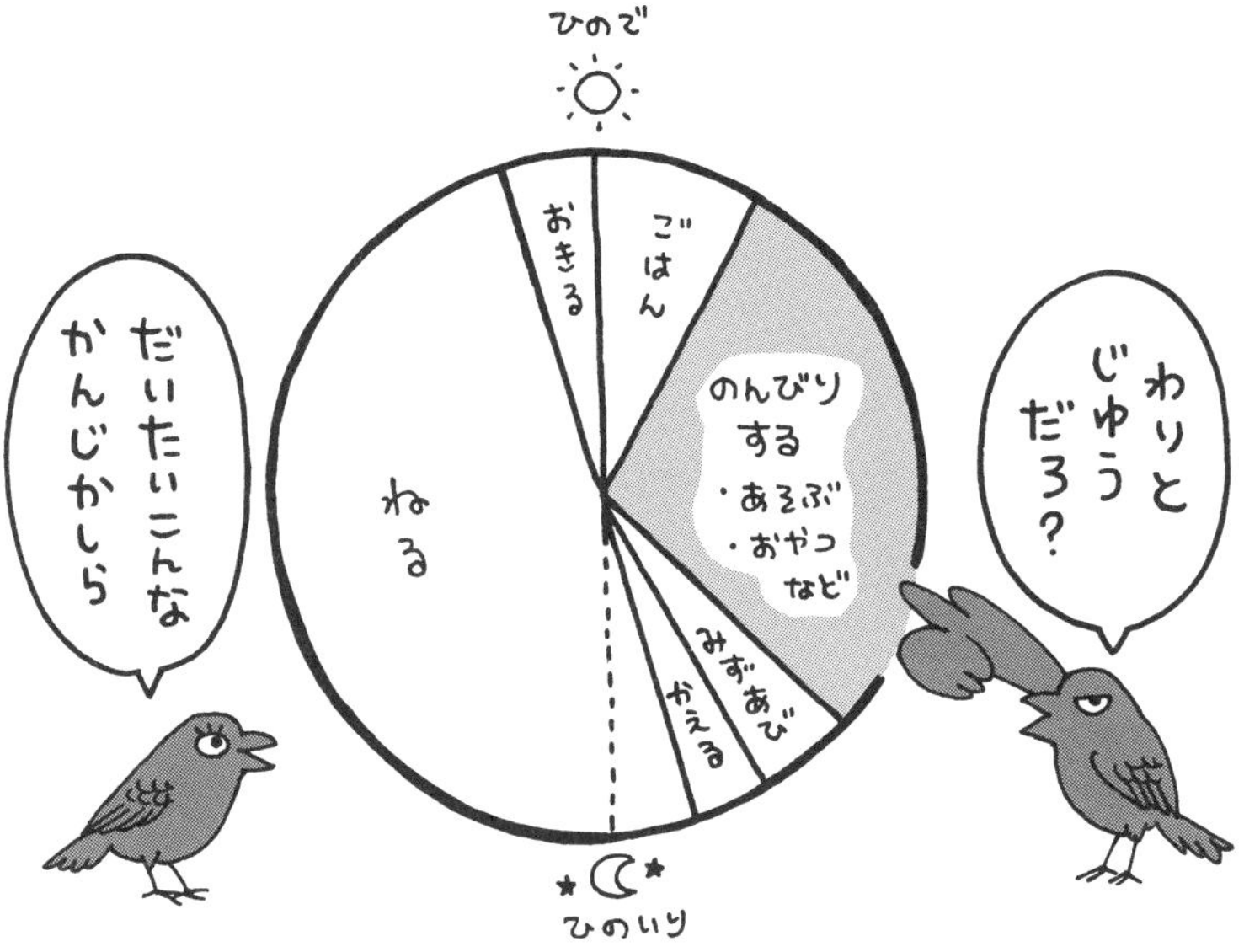

カラスがどんな一日をすごしているか知っている？

とくべつにオイラの一日を紹介《しょうかい》しようね。

オイラたちカラスは、早起きだ。朝、太陽が昇《のぼ》る30分前には目がさめる。

そしてすぐに、ねぐらの森から、オクさんのクロミといっしょに飛《と》び立つ。

むかうのは町の飲食店街《がい》。飲食店は毎日生ゴミがたくさん出るので、最高《さいこう》のえさ場だ。住宅街《じゅうたくがい》だと、生ゴミを出す日が週に二日間しかなかったりするから、オイラはまず行かない。

夏だと、日の出が4時くらいだから、ゴミ収集車《しゅうしゅうしゃ》がくる7時くらいまでゆっくり食べられる。冬は日の出が7時ごろなので、急いで食べなければいけないから、いそがしいんだよ。

とりあえず、ここでおなかいっぱい食べられれば、一日の栄養《えいよう》はこれでじゅうぶん。あとの時間は遊んでくらすだけだ。公園に行ったり、ビルの上で休んだりして、のんびりすごす。樹木《じゅもく》がある場所がとくに好《す》きなんだ。

朝の食事がたりないと、木の実を食べたり、虫をとったりする。

そして、午後にはたいてい水あびをする。羽《はね》は、いつも清潔《せいけつ》にしておかなければならないからね。

夕方、日がくれる前にねぐらに帰って寝《ね》る。

これがオイラの一日だ。

ずいぶんのんびりした優雅《ゆうが》なくらしに思えるかい？　これも、都会には食べもののゴミがたくさんあるからできるのであって、もしゴミがなければ、一日中食べものをさがしていなければならないからたいへんだ。

ほんと、人間には感謝《かんしゃ》しているよ。

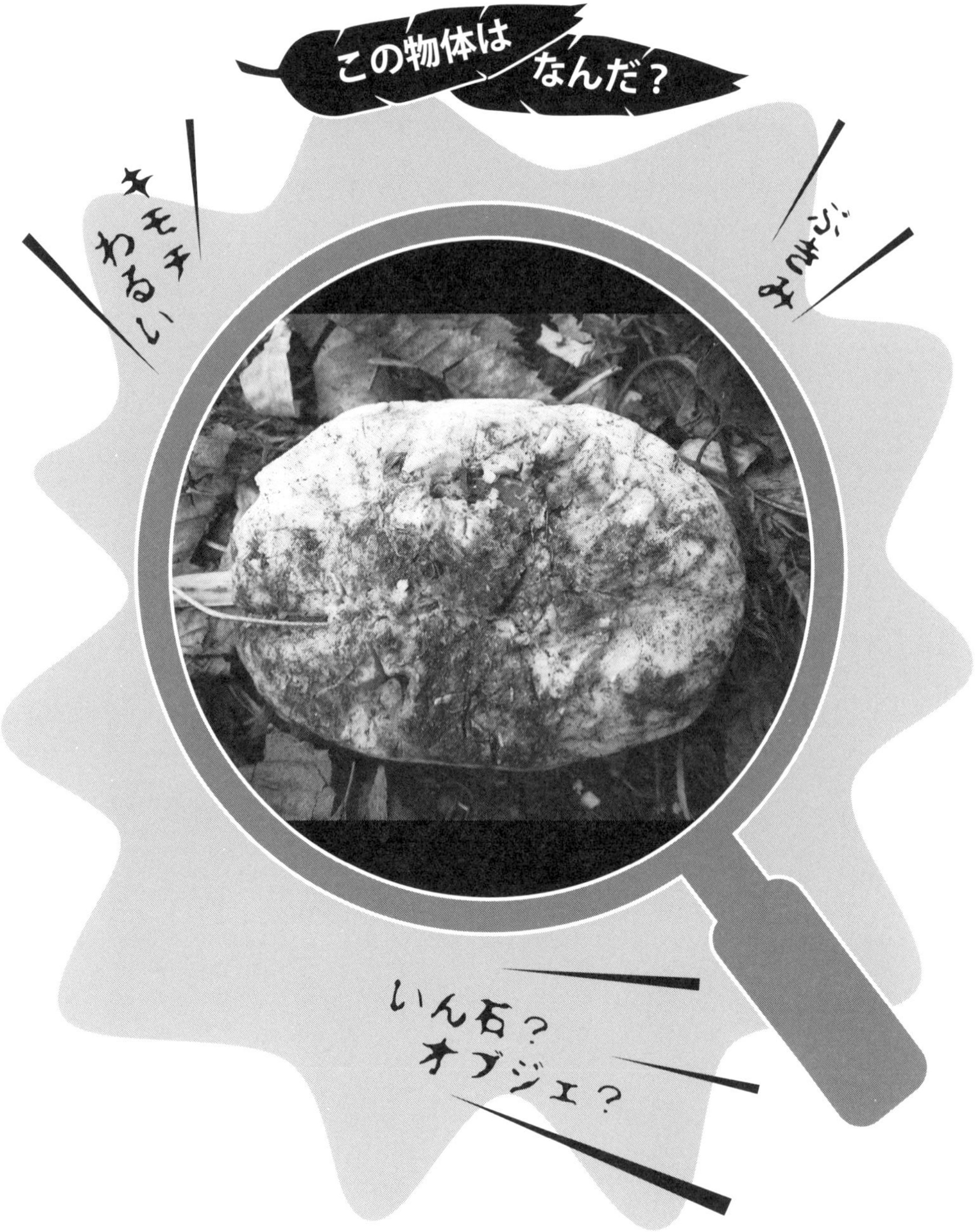
この物体は
なんだ？
キモチわるい
ぶきみ
いん石？
オブジェ？

答え：カラスがつついた石けん

6
遊ぶのは すべりだい

カラスの
セーカツ
イカスだろ？

光栄《こうえい》なことに、「カラスは遊びの天才だ！」なんてよく言われる。

たしかにオイラたちは遊ぶのが大好《だいす》きだよ。とくに都会ぐらしは、一日中ずっとエサさがしをしなくてもいいから、時間があまってる。ようするに、ひまなんだよね。そんなときは遊ぶしかないだろ。

よくやるのが「ぶら下がり遊び」。屋根のアンテナや電線を片足《かたあし》でつかんで、さかさまにぶら下がる遊びだ。見なれた景色《けしき》がとっても新鮮《しんせん》に見えるから、楽しいんだよね。

ボール遊びもするぞ。このあいだテニスボールが落ちていたから、くちばしでくわえてフェンスの上から落としてみた。すると、ボールがボーンボンボンボン……とはずんでおもしろかった。すごく楽しいから、何回もやっちゃったよ。

そうそう、サーフィンもやるんだぞ。と言ってもほんとうに海で波乗りするわけじゃなくて、サーフィンのように風に乗る遊びだ。「風乗り」なんて名前でも呼《よ》ばれている。

この遊びは、高いビルの屋上とか崖《がけ》の上などの、風が吹《ふ》き上がってくる場所でやる。しかも、たくさんのなかまが集まってやるのが、ほかの遊びとはちがうところだ。風に乗ると、ほんとうに気持ちいいんだよね。ビルの屋上だと、かならずアンテナや避雷針《ひらいしん》があるから、そのてっぺんにとまるのもおもしろい。かわりばんこにとまっては飛《と》ぶのをくり返すと、楽しくてやめられない（104ページを見てね）。

でもね、風乗りは結婚《けっこん》していない若《わか》いやつらがやる遊びで、年よりはやらない。なぜかって、彼女《かのじょ》を見つけるためにやっているからだ。かっこよく風に乗れればモテるからね。じつはオイラも、クロミと出会ったのは風乗りだったんだよ。オイラのイカしたフォームにしびれちゃったんだろうね。

そう言えば、ハシボソガラスはすべりだいで遊ぶんだそうだ。ぐうぜんテレビですべっているのを見たことがあるけど、あれにはおどろいたなあ。さすがにオイラたちは、あんな遊びは知らない。でも、よく見てみたら、ハシボソガラスはステンレス製《せい》のすべりだいに、自分が映《うつ》るすがたを見ているようだった。

もしかしたら、すべりだいに映《うつ》った自分のすがたを、ライバルのカラスだと思って、追い出そうとしているんじゃないかな？

じつは、オイラも、ガラスに映《うつ》った自分のすがたをライバルだと思いこんじゃって、追いはらおうとしたことがあるんだよね。だから、ステンレスに映《うつ》った自分のすがたをライバルだと思って攻撃《こうげき》しようとしているうちに、すべってしまったのかもしれないね。

また、すべりだいの上に行くと、ライバルが映《うつ》っているから同じことをくり返す。

　これがカラスのすべりだい遊びの真相のような気がするけど、ほんとうのことは、ハシボソガラスに聞いてみないとわからないだろうな。

おーーっ 風乗り やってる
キャー
ビューーー
わー
オイラも やろっか なーー
スミじいも やろうよー
いやけっこう 今ぶらさがり中 なんでな
ぶら ぶら
ぶらさがり あそびかー
どうじゃ たのしいか?
ぶら ぶら
…。
やんないよりは マシかなー
そうじゃな
ぶら ぶら

7

おふろは長ぶろ？

カラスのセーカツイカスだろ？

オイラの一日の生活の中で欠《か》かせないのが、お風呂《ふろ》だ。

水あびは毎日のようにするよ。そうしないと、羽《はね》がよごれて飛《と》べなくなっちゃうからね。なんだか人間は、オイラたちの水あびを「カラスの行水《ぎょうずい》」と呼《よ》んで、お風呂《ふろ》の時間が短いことのたとえにしているらしいけど、じっさいは、けっこうていねいにあびているよ。長いか短いかの基準《きじゅん》は、人間とちがうからよくわからないけどね。

水あび以外《いがい》にも、オイラたちはいろいろなものをあびるんだ。たとえば雪。雪がつもったときには水のかわりに雪をあびて体をあらう。北海道のなかまは、冬のあいだはずっと雪あびなんだってさ。あれ、けっこう気持ちいいんだよね。たまに雪を食べちゃうこともあるよ。

煙《けむり》もあびる。これはめったにあびないけど、梅雨《つゆ》時期の雨上がりに体がぬれて、寒いときにあびにいくんだ。よく利用《りよう》していたのがお風呂屋《ふろや》さんのえんとつ。お昼ごろになると、ボイラーに火をつけるから、黒い煙《けむり》がもくもく出るんだ。煙《けむり》は羽《はね》についた寄生虫《きせいちゅう》を追い出すのにいいし、雨で冷《ひ》えた体をあたためるのにもむいている。だけど、さいきんはお風呂屋《ふろや》さんがどんどんなくなって、煙《けむり》をあびるところがなくてこまっているんだよ。

水をあびるよ

けむりだって
あびるゾ

アリをあびることもあるよ。びっくりしたかい？　昆虫《こんちゅう》のアリをあびるんだよ。アリがたくさんいるところを見つけると、翼《つばさ》を広げてアリが体にたかるようにする。そうするとアリは敵《てき》を攻撃《こうげき》する蟻酸《ぎさん》を発射《はっしゃ》する。これがなんとも言えないほど気持ちいいんだ。羽《はね》の寄生虫退治《きせいちゅうたいじ》にもいいしね。そういえばハシボソガラスのガーコも、アリをあびると言っていたな。

キミたちから見たらおかしな行動に思えるかもしれないけど、いつも羽《はね》をきれいにしているためには、いろんなくふうをしなくちゃならないんだよ。

（アリをあびるハシブトガラス、撮影：箕輪義隆）

8

巣《す》は鉄骨構造《てっこつこうぞう》でじょうぶ！

カラスのセーカツ
イカスだろ？

オイラには家はないんだ。え？　巣《す》があるじゃないかって？

ああ、よくまちがえられるけど、巣《す》は家じゃない。巣《す》は卵《たまご》やヒナのための場所。キミたちの世界でたとえるならば、ベビーベッドみたいなものさ。

毎年、三月になるとオイラたちは夫婦《ふうふ》で協力《きょうりょく》して、巣《す》を作る。巣《す》は高い木の上がいちばんいい。敵《てき》にねらわれにくいからね。巣《す》の材料《ざいりょう》は、基本的《きほんてき》には木の枝《えだ》を使うよ。くちばしだけで枝《えだ》を組んで、直径60㎝ほどのお皿の形を作る。都会ではだいぶ前から、枝《えだ》ではなくて針金《はりがね》ハンガーを使うのがはやっている。なんてったって、針金《はりがね》はじょうぶだからねえ。それに組みやすい。去年は、近くのゴミ捨《す》て場《ば》にゴソッと針金《はりがね》ハンガーが捨《す》ててあったから、とってもじょうぶないい巣《す》ができたんだよ。いわば

やわらかい産座《さんざ》

じょうぶなハンガーの巣《す》

鉄骨構造《てっこつこうぞう》みたいなもんだからねえ。あとで数えてみたら、ハンガー３００本使っていて、重さが10kgもあった。よくこんな巣《す》を作ったと、自分でも感心したよ。

よく「針金《はりがね》ハンガーだけじゃ、赤ちゃんが痛《いた》いんじゃないの？」と聞かれるけど、ハンガーは巣《す》の外側《そとがわ》の土台部分にしか使わない。卵《たまご》やヒナがいる場所を「産座《さんざ》」と言うんだけど、シュロやコケ、やわらかい草をしきつめてあるんだ。動物園の近くにすんでいるなかまは、パンダとかバイソンなどの動物の毛を使うんだってさ。ずいぶんぜいたくだなあ。

産座《さんざ》を作るのは、オクさんのクロミの仕事だ。卵《たまご》をあたためるのはクロミだから、自分の体にピッタリサイズの産座《さんざ》を作る必要《ひつよう》があるからだよ。

こんなにていねいに作る巣《す》だけれど、来年はまず使わない。途中《とちゅう》でこわれちゃうとこまるからね。毎年新しい巣《す》を近くの枝《えだ》に作る。でも、材料《ざいりょう》は貴重《きちょう》だから、古い巣《す》から持ってくることもよくあるよ。

枝《えだ》を集めているところ

こんなところ あんなところ

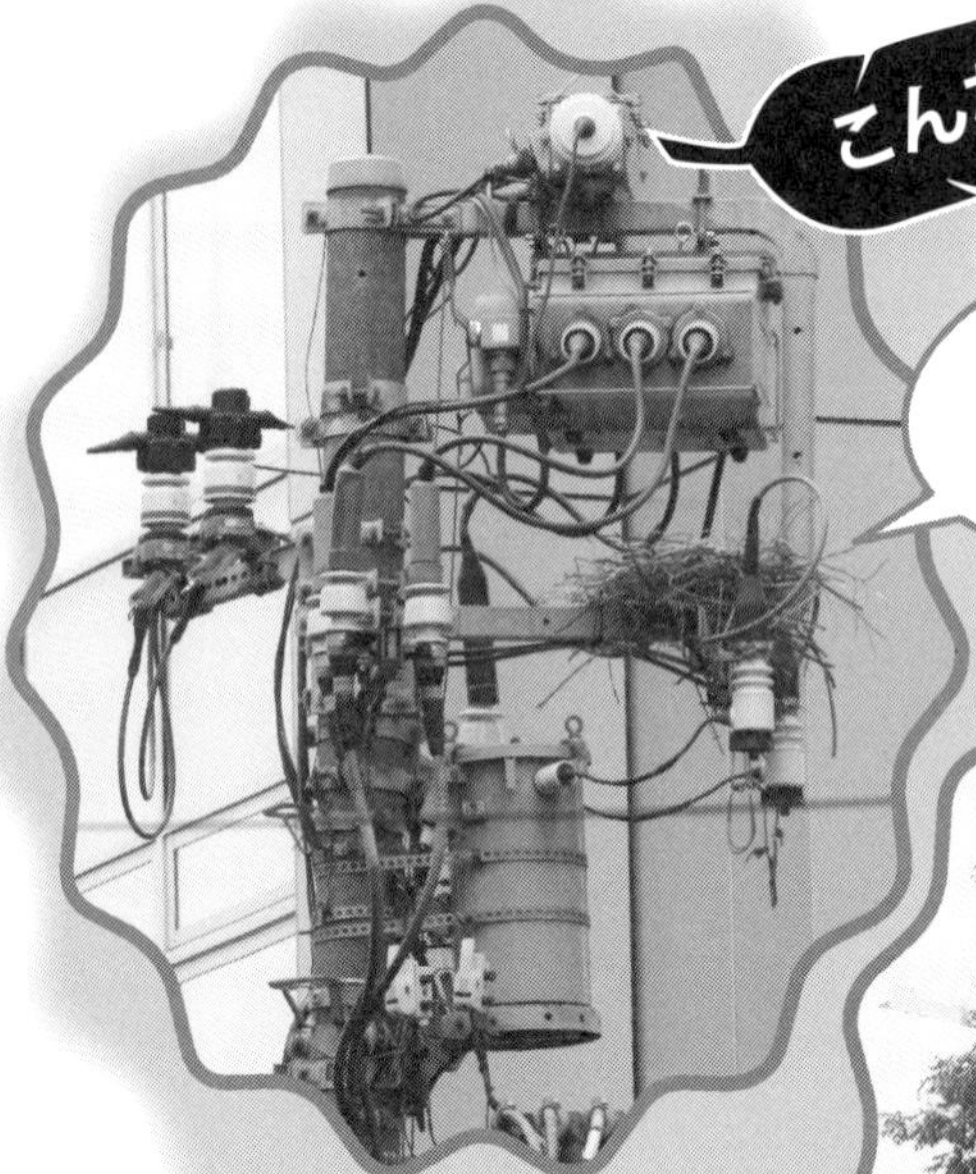

ちょっと
あぶない！

渋谷《しぶや》ハチ公前の
クスの木。
× 印《じるし》のところに
巣《す》をつくったよ

ハンガーの巣《す》だ！

9 赤ちゃんは七つ子？

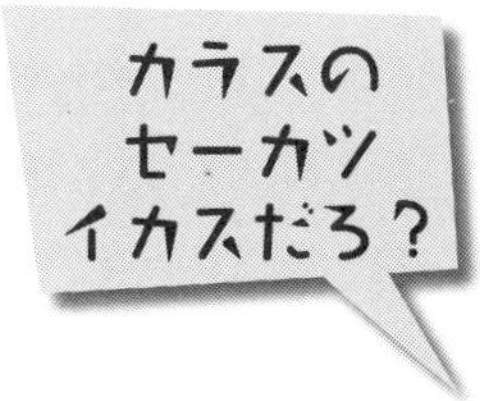

巣《す》ができあがる四月はじめに、卵《たまご》を産《う》むんだ。卵《たまご》の数は2こ～5こくらいがふつうだ。

童謡《どうよう》の「七つの子」では、カラスに7羽《わ》のヒナがいることになってるけど、そんなにたくさんの子どもはいないよ。卵《たまご》は毎日1こずつ産《う》んでいく。

ところで、カラスの卵《たまご》って、どんな色をしていると思う？

「カラスはまっ黒だから、卵《たまご》も黒！」

ちがう、ちがう。答えは「ペパーミントグリーン」。それに赤茶色の点々《てんてん》もようがついている。びっくりするくらいにきれいな色なんだよ。あんまり美しいから、カラスの卵《たまご》と信《しん》じない人もいるくらいだからね。ちょっと失礼《しつれい》だな。

卵《たまご》をあたためるのはクロミの仕事。だいたい20日

きれいなペパーミントグリーンの卵《たまご》

生まれて1日目！

間、ずっとあたためつづけるからたいへんな仕事だ。そのあいだオイラだっていそがしいぞ。敵《てき》が来ないか見張《みは》りをしたり、クロミに食べものを運んだりする。

かわいいヒナが生まれるのは、だいたい五月のゴールデンウィークのころだ。卵《たまご》をぜんぶ産《う》んでからあたためはじめるので、ヒナは同時にかえるよ。

生まれたてのヒナは、羽毛《うもう》がまったくはえていなくて赤裸《あかはだか》だ。大きさは５㎝くらいしかなくて、目も見えない。だけど、大きな口を開けて、食べものねだりはすぐに始める。

こうなるとオイラたちは大いそがしだ。子どもたちのために食べものをとってこなければならないからね。一日に何回もエサを運んできては、口うつしで食べさせるんだ。

生まれて 27 日目！

卵《たまご》からかえって二週間くらいたつと、ようやく目が開いて、黒い羽《はね》がはえてくるけど、まだカラスらしくない。声も「カアー、カアー」とは鳴けず、「ギューギュー」と鳴いているよ。

三週間目には、黒い羽《はね》がはえそろい、だいぶカラスらしくなる。でも、まだ「カアー、カアー」とは鳴けないんだな。このころがいちばん食欲《しょくよく》があるから、オイラたちはエサ運びで目が回るほどだ。

四週間目には、大きさもオイラたち大人とあまりかわらないくらいに成長《せいちょう》する。あんなに小さかったのに、たったひと月でこんなに大きくなるなんて、毎年子育てしているけど、ほんとに信《しん》じられないよ。声もようやく「カアー、カアー」とカラスらしくなる。

うんちはずっとオイラたちがくわえて、巣《す》の外にすてていたけど、このころから自分で巣《す》の外に飛《と》ばせるようになるんだ。あしがじょうぶになって、自分でしっかりと立てるようになるからね。こうなると巣立《すだ》ちはもうすぐだ。

10

さらっと巣《す》立《だ》つ

カラスのセーカツイカスだろ？

キミたちは、カラスの巣立《すだ》ちって、どんなイメージをもっているかい？　たぶん、巣《す》から大空にむかって、一気に飛《と》び立っていくと思っているんじゃないかな？

　じっさいはね、ピョンと巣《す》のとなりの枝《えだ》に飛《と》びうつって終わり。これが典型的《てんけいてき》なカラスの巣立《すだ》ちなんだ。まだ、飛《と》べないうちに巣《す》から出ちゃう。

　そんな状態《じょうたい》で出ちゃってだいじょうぶ？と心配になるかもしれないけど、心配ご無用《むよう》。枝《えだ》にとまれるようになったら、巣《す》から出たほうが、じつは安全なんだ。

　育ちざかりの子どもたちは、エサがほしくて大きな声で鳴くだろ。それって、敵《てき》に

子どもたちがいるぞって、教えていることになるよね。つまり巣《す》にいると、いっぺんに食べられちゃう危険《きけん》があるんだよ。だから、枝《えだ》にとまれるようになったら、いち早く巣《す》から出て、バラバラにいたほうが安全なんだ。

巣立《すだ》ち後《ご》は、しばらく枝《えだ》と巣《す》を行ったり来たりするけど、だんだん巣《す》からはなれていく。そうしているうちに飛《と》べるようになるんだ。でも、まだ、食べものは自分だけではとれないから、親からもらわなくてはならない。このころは森のあちこちで、子どもたちのおねだりの声が聞こえる。

巣立《すだ》った後《あと》は、ひと月ほどは親子いっしょにくらすよ。子どものカラスは、くちばしの「口角《こうかく》」が赤いのですぐにわかる。ゴミ置《お》き場《ば》の食べものをさがしに行ったり、公園ですごしたり、生きていく方法《ほうほう》を学んでいくんだ。

そして、夏になる前には、オイラは子どもたちに食べものをやらなくなる。そうしないとひとり立ちできないからね。ここはオイラもつらいところだけど、心を鬼《おに》にして、エサをくれとねだられても、無視《むし》するんだ。すると子どもたちは、おなかがすくから、なんとか自力で食べものをさがすようになる。

九月ころには、若者《わかもの》は若者同士《わかものどうし》で群《む》れを作ってくらしはじめ、オイラたちはまた夫婦《ふうふ》だけのくらしにもどるわけだ。

ところがなかには、またもどってきちゃう子どももいて、あまい親だとゆるしちゃうらしい。オイラのところじゃ考えられないけど、人間も同じような場合があるって？

そうそう、ハシボソガラスは、次の年になっても親子の別《わか》れができない場合もあるんだって。それに、カーミラ夫人《ふじん》の話では、ヨーロッパのハシボソガラスは、前の年に生まれた子どもが、その年に生まれたヒナに、エサを運んだりして子育てを手伝《てつだ》うんだそうだ。

子育てはたいへんだから、来年はオイラのうちでも子どもたちに手伝《てつだ》ってもらおうかな。

第三章

カラスのウワサ
ウソ・ホント?

オレは、ハシブトガラスのクロスケだ！
人間ってのは、カラスについて
あることないこと言ってるらしいな。
人間の言ってることがホントかウソか、
この章を読めばわかるぞ。
おい、カーキチ、ちゃんと人間たちに知らせろよ！

カラスのウワサ
ウソ・ホント?

1
カラスは追いはらった人をおぼえている

このあいだ、ゴミ置《お》き場《ば》でおじさんとおばさんが、こんなふうに話していたよ。

「カラスを追いはらうと、その人のことをおぼえていて、また襲《おそ》ってくるらしいよ。あいつら執念深《しゅうねんぶか》いからねぇ」

どうやら、ゴミをあさりにいくオイラたちを追いはらうと、逆《ぎゃく》ギレして襲《おそ》われるってことらしいんだ。しかも、何日たっても顔をおぼえていて、攻撃《こうげき》してくるっていうんだ。

これ、大ウソ。オイラたち、逆《ぎゃく》ギレなんかしないよ。オイラたちにとって、人間てほんとうにこわいから、攻撃《こうげき》する勇気《ゆうき》なんてない。追いはらわれたら逃《に》げるのがやっとだ。

でも、このウワサのおかげで追いはらわれないから、ゴミ置《お》き場《ば》で、ゆっくり食事ができて助かっているよ。見て見ぬふりをしてくれるからね。

なに？　人の顔をおぼえているというのはどうかって？　それはもちろんおぼえているよ。人の顔なんて、カラスの顔に比《くら》べれば、特徴《とくちょう》がはっきりしているから、おぼえるのはかんたんだ。前にこわい目にあわされた人のことはわすれない。それでも襲《おそ》うなんてことはしないから、安心して。こわい人がきたら逃《に》げるだけだから。

2 カラスは凶暴《きょうぼう》だ

カラスのウワサ ウソ・ホント？

ゴミ置《お》き場《ば》で追いはらわれても逆《ぎゃく》ギレなんてしない、と言ったけど、「カラスに襲《おそ》われた」って話を、キミは聞いたことがあるんじゃないかな。

そう、たしかにオイラたちも勇気《ゆうき》をふりしぼって、人間を攻撃《こうげき》するときがある。それはどんなときかって？　自分のかわいい子どもを守るときだよ。

カラスのヒナは、飛《と》べないうちに巣《す》から出ると前に教えたよね。そんなときに、ヒナが道路に落ちることがある。そこに人が通りかかると、ヒナがとられるかもしれないと思うから、「あっちに行け！」って、頭の後ろをあしでけるんだ。人間のことがこわいから、前から行くことはさすがにできない。それでもすごく勇気《ゆうき》がいるし、ほんと、必死《ひっし》なんだよ。

そんなオイラの気持ちも知らないで、新聞やテレビで「カラスに襲《おそ》われた！　カラスは凶暴《きょうぼう》！」なんて書きたてるもんだから、よくカラスのことを知らない人が信《しん》じちゃうんだね。めいわくな話だよ。

もっとひどい話では、「カラスが何十キロも追っかけてきた」と言う人がいる。

これはまったくデタラメな話。子どもを守るための行動なんだから、子どもを置《お》いてきぼりにして、人間を追いかけていくわけがない。こんなことを言う人は、襲《おそ》われたカラスと、ちがう場所にいるカラスの見分けがつかなくて、「ずっとカラスがいる」って、かんちがいしちゃうんだろうね。

あっ、そうそう。よくカラスに襲《おそ》われた人は、「くちばしでつつかれた」と言うけど、これもウソね。オイラたち、攻撃《こうげき》するのは飛《と》びながらじゃないとできないから、くちばしでつつくのは不可能《ふかのう》だ。くちばしでつつくとしたら、頭にとまらないと体勢的《たいせいてき》にむり。もし、人間の頭にとまったら、ぎゃくにつかまっちゃうかもしれないから、そんな危険《きけん》なことはさすがにできないよ。飛《と》びながら、あしでけるのがせいいっぱいだ。

「カラスが集団で襲《おそ》ってきた」という話も聞くけど、これも大ウソ。

集団で襲《おそ》うなんてことはいちどもないのに、どうしてこんな話になっちゃうんだろう……って思ってたら、もの知りのスミじいが教えてくれた。

「昔、鳥が集団で人を襲《おそ》う映画があって、どうもその影響《えいきょう》で、カラスがたくさんいると、映画のように襲《おそ》われると思う人がいるらしいんじゃ。もちろん、映画は作り話なんじゃが、それがわからない人間がたくさんいるんじゃ」

人間って思いこみが強いんだね。まったくめいわくな話ばかりでこまっちゃうよ。
やれやれ……。

3

カラスは光るものが好《す》き

カラスのウワサ
ウソ・ホント?

「カラスは光るものが好《す》き」って、いったいどこのカラスの話？　ほんとにビックリだよ。だって、オイラにはそんな趣味《しゅみ》はないからねえ。オイラだけじゃなくて、クロミやカーミラ夫人《ふじん》にもないよ。ということで、これはウソ。

この話はけっこう有名らしくて、アニメやマンガにも、そんなエピソードがよく出てくるんだってさ。マンガの好《す》きなクロミが言っていたなあ。ガラスやビー玉などのキラキラ光るものをひろってきて、カラスが巣《す》の中に集めるんだそうだ。なかには、高級な宝石《ほうせき》や指輪《ゆびわ》を持ってきちゃって大さわぎになった、なんて話もあるんだって！

でも、これって、ちょっと考えられないな。だって巣《す》は卵《たまご》やヒナがいるところだろ。そこに固《かた》いガラスやビー玉なんか入れたら、卵《たまご》が割《わ》れる危険《きけん》がある。巣《す》の中にはなにも入れないのがあたりまえだ。こんなデタラメなお話を作った人は、きっと、巣《す》をカラスの家だとかんちがいしているんだろうね。

どうしてこんなおかしな話が生まれたのか、ふしぎに思っていると、カーミラ夫人《ふじん》がおもしろいことを教えてくれた。「アメリカの有名な動物の物語で、『シートン動物記』っていうのがございますのよ。そこに、カラスが白い貝がらや小石、こわれたカップ、金属《きんぞく》のかけらなどを地中に埋《う》めてかくした、と書いてありますのよ」って。

ただし、光るものとは書いていないんだって。もしかしたら、『シートン動物記』を読んだ日本人が、日本のカラスも同じような習性《しゅうせい》があると思いこんで、話を作って、広めてしまったんじゃないかなあ。あっそうそう。人に飼《か》われているカラスだと、骨《ほね》とか集めることがあるよ。エサをとらなくていいから、ひまなんだね。

「カラスが光るものが好《す》き」ということから、とんでもない話も出てきた。それは、「カラスは、ネコや人を攻撃《こうげき》するときに、光る目をねらう」というもの。まったくデタラメなんだけど、それでカラスがこわいと思う人が増《ふ》えたのはたしかだ。ほんとうにおかしな話を作りあげる人がいるんだねえ。あきれちゃうよ。

ぎゃくに「光るものがきらい」という話もある。たとえばゴミ置《お》き場《ば》にCDがぶら下がっているの、見たことないかな？　あれって、カラスよけらしいんだよね。

もちろん、あんなのぜんぜんこわくない。最初《さいしょ》は、ちょっとは警戒《けいかい》したけれど、すぐにこわくないものとわかっちゃったから、まったく気にならないよ。そりゃそうだよね。ぶらぶら揺《ゆ》れているだけだから。あんなのでオイラたちをこわがらせているつもりになるなんて、人間って、ほんとは頭悪いんじゃない？　と思ったよ。光るものが好《す》きといったり、きらいといったり、いったいどっちだと思っているんだろうね。

好《す》きでもきらいでもないよ！

町《まち》の珍百景《ちんひゃっけい》
ぶらさがるCD……
なんのため？
それもゴミの上……
カラスのため？

4

カラスがさわぐと地《じ》震《しん》がくる

カラスのウワサ
ウソ・ホント?

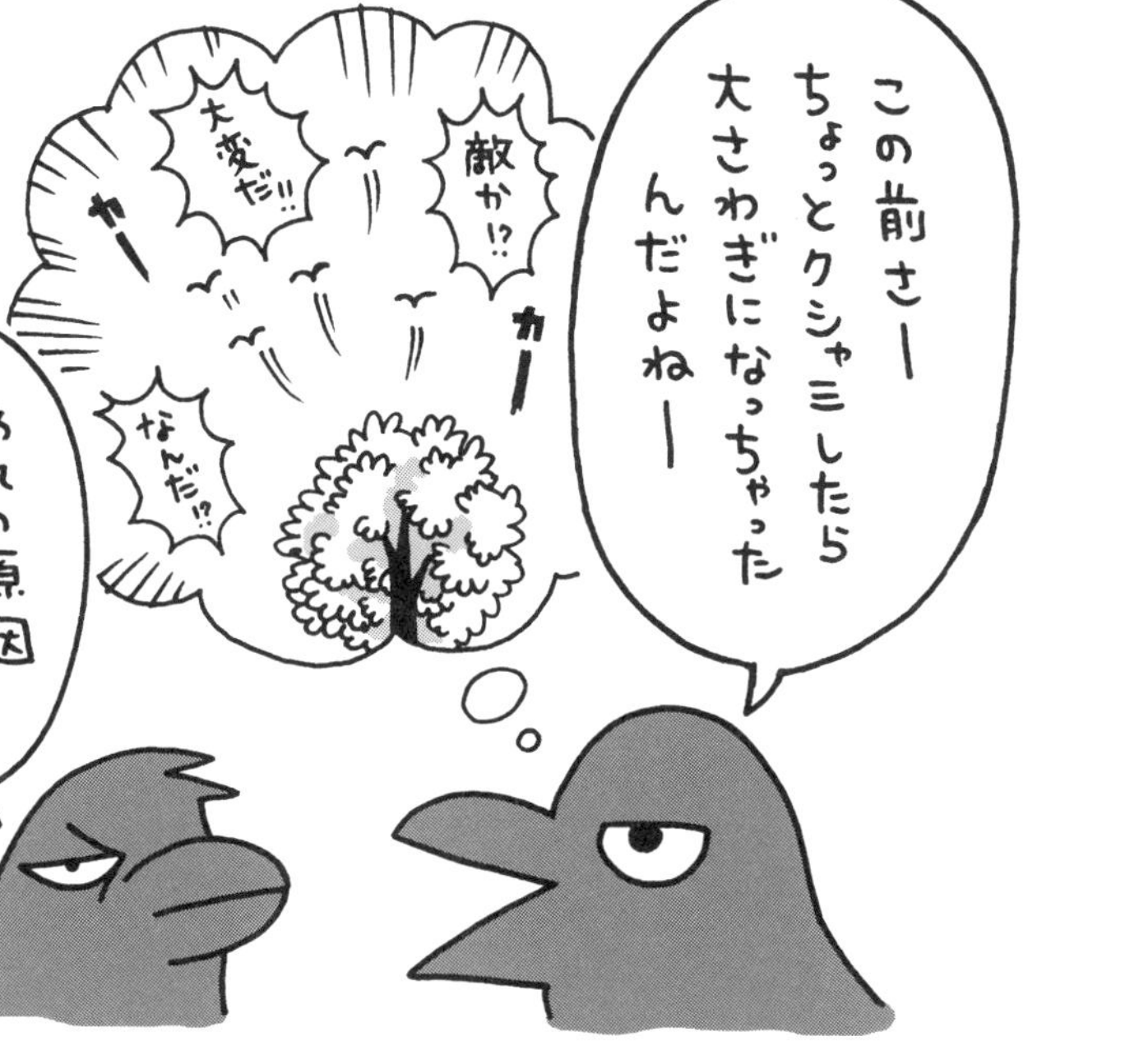

これ、もちろん大ウソ。なのに、ほんとうによく言われる！

オイラたちがちょっとさわぐと、「地震《じしん》の前ぶれだ！」なんて、人間たちは言いだすんだ。

どうも人間は、オイラたちには超能力《ちょうのうりょく》があって、地震《じしん》予知ができると思ってるみたい。

ここではっきり言っておくよ。オイラたちカラスには、地震《じしん》を予知する能力《のうりょく》はない。

そんな超能力《ちょうのうりょく》なんか、あるはずないんだ。だって、そもそも地震《じしん》があらかじめくることがわかっても、なんの得《とく》になる？　だって、大きな地震《じしん》が起きてもオイラたちは飛《と》べるから、まったくこわくないんだよ。身の危険《きけん》があれば、予知能力《よちのうりょく》が発達《はったつ》するかもしれないけど、必要《ひつよう》ないんだからありえないよね。

え？「地震《じしん》のときにカラスがさわいだ」って聞いたことがあるって？

ああ、それはね、大きな揺《ゆ》れがくる前の小さな揺《ゆ》れを感じたから、それでびっくりしてさわいだの。とくに夜、ねぐらで寝《ね》ているときは、いつ敵《てき》が来てもわかるように敏感《びんかん》になっているからね。

だから、それを見た人が、カラスは地震《じしん》が予知できると思ったのかもしれない。だけど、小さな揺《ゆ》れは感じても、揺《ゆ》れる前にわかるってことはさすがにない。

カラスのウワサ
ウソ・ホント？

5
カラスは不吉《ふきつ》！

あるとき、公園で休んでいたら、さんぽに来ていたおばあちゃんに、「カラスがたくさんいて不吉《ふきつ》だわ」と言われたよ。

オイラたち、全身まっ黒だろ。人間は、お葬式《そうしき》で黒い服を着るから、たぶんそのせいで、「カラスは不吉《ふきつ》」と、言われつづけてきたんじゃないかな。

カラスが墓場《はかば》にいるのも、不吉《ふきつ》なイメージだよね。たしかに墓場《はかば》にはよく行くよ。お供《そな》えもののお菓子《かし》とかがあるから、食べにいくんだ。それに木がたくさんはえているのも、居心地《いごこち》がいいんだよね。オイラたちは元はといえば森のカラスだからね。

「カラスがお葬式《そうしき》に集まる」なんて話もあるんだって。スミじいに聞いたんだけど、昔はお葬式《そうしき》は家でやっていたから、なにか食べものがあるんじゃないかと期待して、カラスが集まってきたんだろうね。それが人間から見たら、死者のお迎《むか》えみたいに思えたんだね。

たぶんこの話がもとになった、「カラスが屋根にとまると死人が出る」なんて、とんでもない迷信《めいしん》まであるんだそうだ。これにはおどろいたねえ。オイラたちが屋根にとまったくらいで、人が死んだんじゃあ、都会は死人だらけになっちゃうよ。

それにしても、人間は作り話が好《す》きだし、よく考えるよねえ。感心しちゃうよ。

6 カラスは飛《ひ》行《こう》機《き》の敵だ

カラスのウワサ ウソ・ホント?

これはホント。でも、どういうことかって？

オイラたちカラスが、おそらく人にいちばんめいわくをかけているのは、農業と飛行《ひこう》機《き》だろうね。

農業は、もちろん農作物を食べちゃうからさ。

でもね、畑に植えられている作物を食べちゃいけないなんて、カラスのジョーシキにはないんだよ。なんでこんなにおいしいものがたくさんあるんだろうって、ふしぎに思うだけでね。まさか食べちゃいけないなんて、ビックリしたよ。

はじめて怒《おこ》られたときは、わけがわからなかったなあ。どうして怒《おこ》るの？ってね。

まあ、今じゃ学習したけどね。

飛行機《ひこうき》とカラスにはどんな関係《かんけい》があるかというと、衝突事故《しょうとつじこ》だよ。人間の世界では「バードストライク」と言うらしいけど、とっても深刻《しんこく》な問題なんだって。

カラスが飛行機《ひこうき》のエンジンに吸《す》いこまれると、最悪《さいあく》の場合は、飛行機《ひこうき》が墜落《ついらく》してしまうそうだ。恐《おそ》ろしい大事故《だいじこ》になる。

オイラたちカラスだって、死《し》んじゃうからぶつかりたくないのはあたりまえ。できれば避《さ》けたいんだ。カラスだって被害者《ひがいしゃ》なんだよ。

それにしても、どうして人間は、鳥がたくさんいる場所に空港を作るんだろうね。わざわざ事故《じこ》が起きそうな場所を選《えら》んで、作っている気がするよ。

たぶん飛行場《ひこうじょう》は、平らな広い土地が必要《ひつよう》なので、川の河口《かこう》とか、鳥がたくさんいる場所が選《えら》ばれてしまうんだろう。

それと空港には、草がいっぱいはえているから、バッタとか虫がたくさんいて、とってもいい餌場《えさば》になるんだよね。だから、鳥が集まっちゃうんだ。

人間は銃《じゅう》を撃《う》ったり、タカを使って鳥を追いはらって、飛行機とぶつからないようにしている。同じ空を利用《りよう》するもの同士《どうし》として、事故《じこ》が起きないようにもっとくふうしてほしいなと、オイラは強く思うよ。そうすれば近づかないから。

だって、死《し》ぬのはイヤだからね。

カラスの風乗り

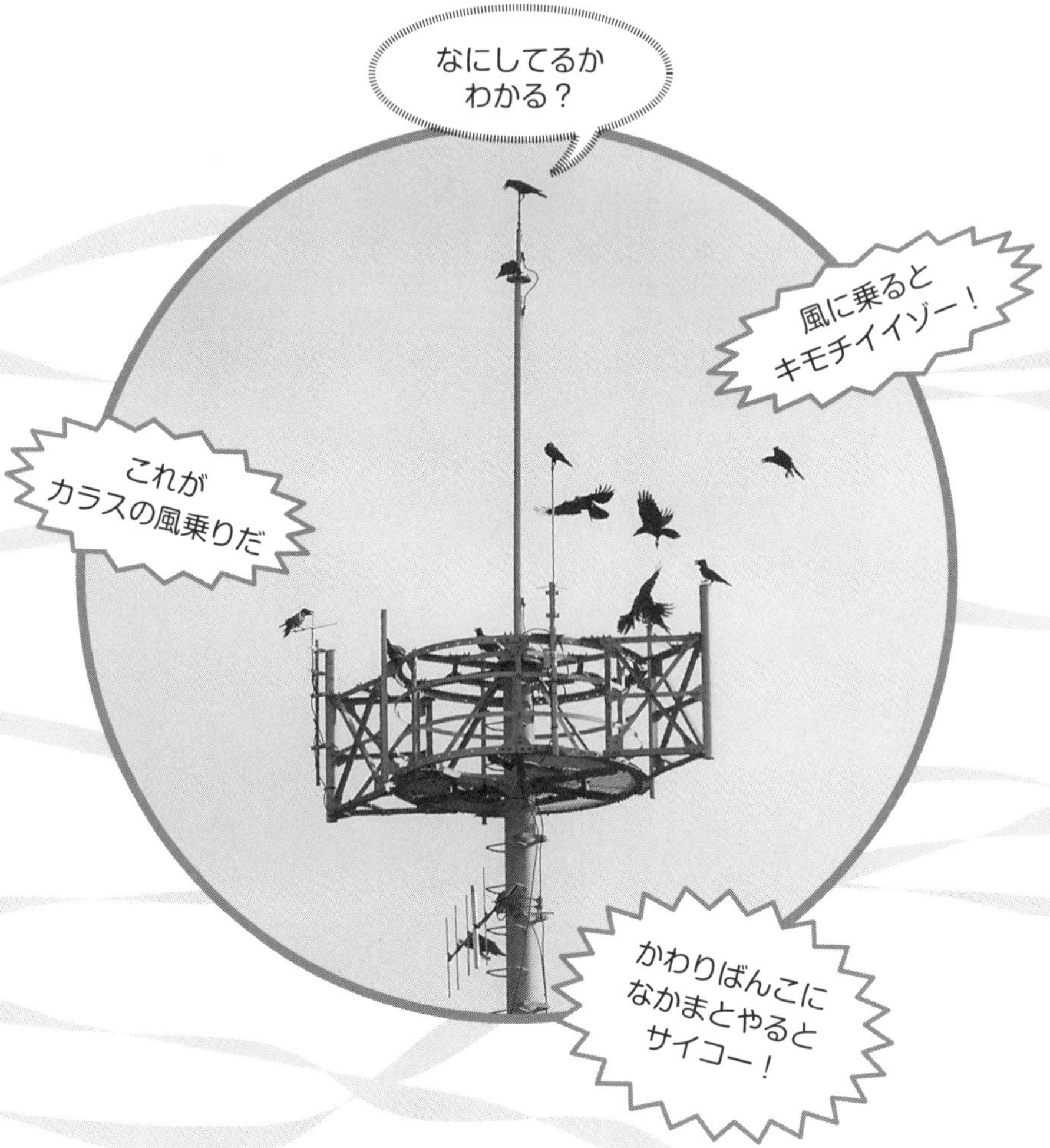
なにしてるか
わかる？
風に乗ると
キモチイイゾー！
これが
カラスの風乗りだ
かわりばんこに
なかまとやると
サイコー！

7

カラスはゴミの日をおぼえている

カラスのウワサ ウソ・ホント？

オイラたちカラスは頭がいいというのは、キミたちの世界では有名らしい。このあいだ行ったゴミ置《お》き場《ば》で、おばさんたちがこんな立ち話をしていたんだ。

「カラスって頭がいいんだってねえ。テレビでやってたわよ」

「そうらしいわね。たしかに生ゴミの日になると、かならず荒《あ》らすものね。きっとゴミの日をおぼえているのよ」

「そうそう。ぜったいにゴミの日を知っているわ。腹《はら》たつわねぇ〜！」

と言って、オイラのことをキッとにらんだんだ。あー、こわかった！

頭がいいと思ってくれるのは、たいへん光栄《こうえい》でありますが、「そこまでは頭はよくないです」と言いたいときが、じつはよくあるんだよ。この「ゴミの日をおぼえている」というのもその一つだ。

白状《はくじょう》しちゃうと、ゴミの日はおぼえていません。だからウソね。カラスの世界にカレンダーはないから、ゴミを出す日なんて、知っているわけないじゃん。それに、時どき、ゴミを出す日って変《か》わるよね。知らなかったら、お母さんに聞いてごらん。ゴミ出しカレンダーというのが、毎年役所《やくしょ》から配られるところも多いはずだ。時どき変《か》わるゴミの日をおぼえられるわけがない。それにおぼえる必要《ひつよう》もないしね。

じゃあ、どうしてゴミの日を知っているかのように、飛《と》んでくるのか。それは、毎日ゴミ置《お》き場《ば》をチェックしているからだよ。ゴミがなければすぐにいなくなり、あればいる。ただそれだけのことさ。

ゴミを捨《す》てにくる人たちは、ゴミの日にしかカラスと出会わないから、ゴミの日をおぼえていると思っちゃうんだよね。ゴミがあるかないかは、空から見ればすぐにわかる。ゴミを出しているようすもよく見えるよ。

おばさんも、空を飛《と》べればわかるはずさ。「ああ、地上のようすって、こんなによくわかるんだわね」って。

あっ、そうそう。町の商店街《しょうてんがい》では、毎日生ゴミの収集《しゅうしゅう》があるって知ってるかい？　毎朝食べものがあるから、町の商店街《しょうてんがい》が好《す》きなカラスも多いんだ。これならゴミの日なんて知らなくてもＯＫだろ？

すみやすいまち 東京

おかげさまで
どんどんなかまが
増《ふ》えてます

これは、ちょっと前の看板《かんばん》だよ。
いまの東京はどうかな？

8 カラスは人の言葉を話せる

カラスのウワサ
ウソ・ホント?

これホント。正確《せいかく》には人の言葉を話せるヤツもいる、という感じかな。オイラは話せないけど、オクさんのクロミは話せるんだ。「こんにちは」とかね。

人の言葉を話せるか話せないかは、じつは秘密《ひみつ》がある。クロミはヒナのときに巣《す》から落ちちゃって、人に育てられた時期があるんだ。そのときに人の言葉もおぼえたんだって。カラスはヒナのときに鳴き声をおぼえる習性《しゅうせい》があって、ふつうはカラスの声をおぼえる。いちばん近くにいるお父さんお母さんガラスの声だね。ちょうどその時期に人に育てられれば、人の言葉をおぼえちゃうってわけ。でも、気に入った言葉だけおぼえるから、人と会話ができるようにはならない。それに意味もわからないしね。

人の言葉が話せると、「頭がよい」と思う人がいるけど、これはちょっとちがうぞ。人の言葉が話せるのは、人の言葉をおぼえる仕組みと、人と似《に》たような声が出せる器官《きかん》を持っているからなんだ。頭のよさは関係《かんけい》ない。

たまに「アホー」と鳴くカラスがいて、人間界で話題になるみたいだけど、あれは人の言葉じゃない。カラスの鳴き声の一つだよ。たまたま、人の言葉のように聞こえるけど、「アホ」という意味で言っているわけじゃないから、気にしないでね。

カラスのウワサ
ウソ・ホント?

9

カラスは水道の蛇口《じゃぐち》をあけて水をのむ

これ、大ウソと思った人。ざんねーん、ホントだよ！

公園で、レバー式の水道の蛇口《じゃぐち》をあけて、水をのむカラスがいるんだ。ただし、カラスのみんながてきるかというと、それはない。一部の天才ガラスだけができる、スゴわざなんだ。

それは、北海道の札幌《さっぽろ》にいるハシブトとハシボソの二羽《わ》のカラスだ。すごすぎるので、カラス界では知らないカラスはいない、有名なスーパースターだ。

この技《わざ》を最初《さいしょ》に獲得《かくとく》したのは、ハシブトだったそうだ。あるとき水がのみたくて、蛇《じゃ》口《ぐち》のレバーをいじっていたらぐうぜんあいて、やり方をおぼえたんだって。それを見ていたハシボソがおぼえちゃった。

いやー、ホントに頭がいいヤツっているんだねえ。おもしろいことに、ハシボソにはオクさんがいて、自分ではやらないでダンナさんにやってもらうんだって。

うーん、どっちがホントに頭がいいんだろうねえ。

でもね、この天才ガラスたちも、蛇口《じゃぐち》をあけてもしめることはしない。そりゃそうだ。水が出っぱなしのほうが、いつでものめるからいいよね。カラスには「節水《せっすい》しよう」な

んて気持ちはないからね。でも、それが公園を管理《かんり》するおじさんを怒《おこ》らせちゃって、蛇口《じゃぐち》の形を、レバー式から回すタイプにかえられてしまった。さすがに回すタイプは、天才ガラスでもあけることができなかった。ざんねん！　でも、そのうち、回すタイプでもあけるカラスがあらわれるかもしれないぞ。オイラは応援《おうえん》しているからね。

なにしてるの？

ねているバイソンの背に
カラスが……

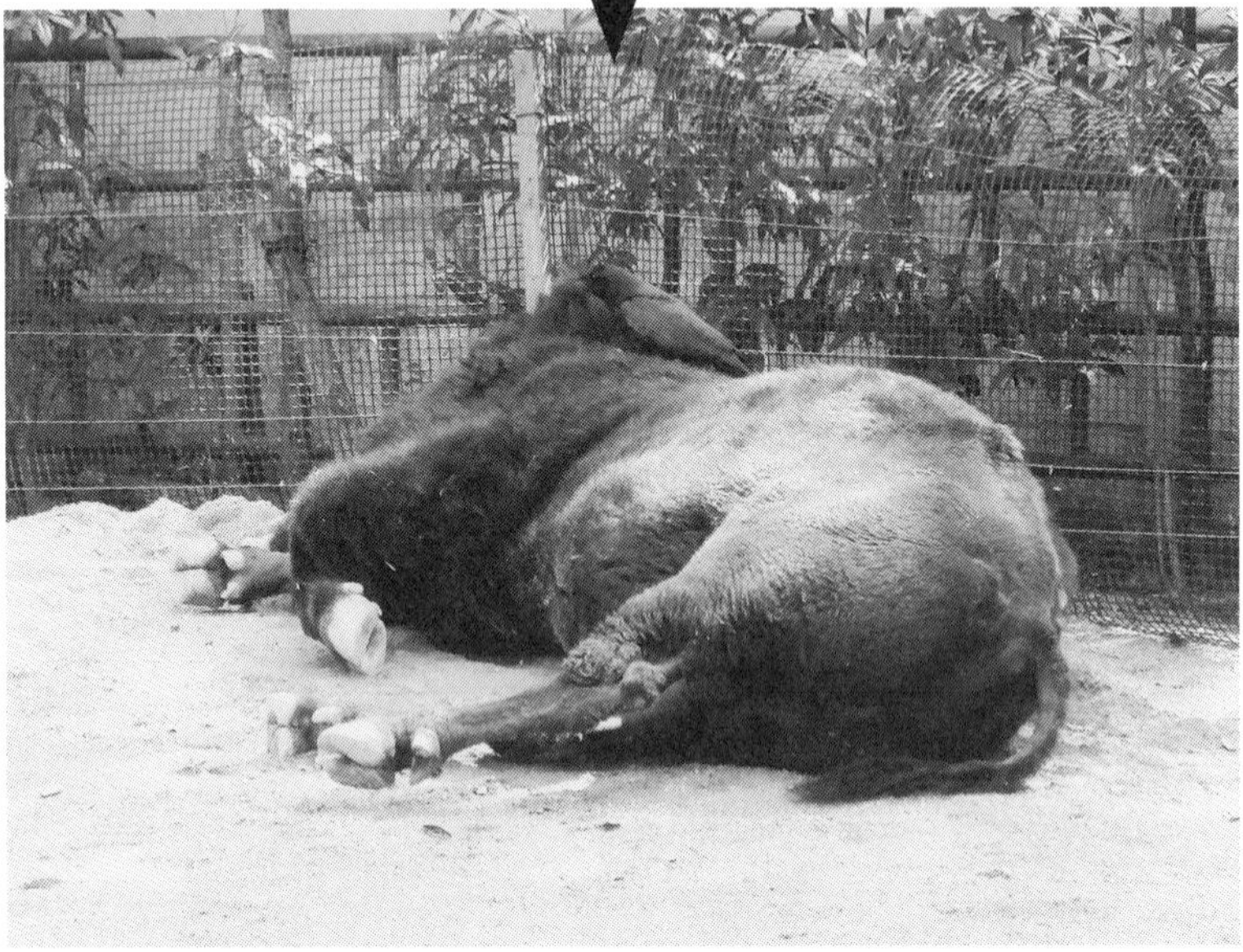

①バイソンをつついてからかっている
②バイソンのノミをとって食べている
③バイソンの毛をむしっている
④バイソンに話しかけている
⑤カラスとバイソンはなかよしだ
⑥あたたまっている
⑦ソファのかわりにしている

答え：③巣《す》の材料《ざいりょう》を集めてるんだ。やわらかい寝床《ねどこ》をつくるためだよ。

10

カラスのウワサ
ウソ・ホント?

カラスは自動車を利用《りよう》する

これもホント。でも、カラスが自動車を運転するんじゃないよ。いくら天才でも、さすがにカラスの体じゃ、運転はできないからねえ。

じゃあ、どうするかというと、走っている自動車のタイヤに、クルミをひかせて割《わ》って食べるんだ。キミたちはクルミを食べたことがあるかな。とってもからがかたいよね。人間の場合は、くるみ割《わ》りという道具があるけど、カラスにはそんな道具はないし、この自慢《じまん》の太いくちばしでも、さすがに割《わ》ることはできない。それに、カラスが食べるオニグルミは、くるみ割《わ》りでも割《わ》れないいくらいかたいんだ。でも、頭のよいヤツがいて、自動車を利用《りよう》する技《わざ》をやりだしたんだ。

じつは、オイラたちハシブトガラスは自動車を利用《りよう》しない。ハシボソガラスしかできないことなんだよね。あいつらのほうが器用《きよう》で、頭がいいんだ。でも、自動車を利用《りよう》するのはごく一部の天才ガラスだけ。ほとんどのハシボソガラスは、クルミを空から道路に落として割《わ》って食べる。かたいクルミでも5回くらい落とせ

①道路にクルミをおく

ば割《わ》れるからね。そんなことをしているうちに、ぐうぜん自動車にひかれて割《わ》れたことがあって、この技《わざ》ができるようになったみたいだ。

この自動車を使ってクルミを割《わ》るのは、とてもよい方法《ほうほう》に思えるけど、よいことばかりではないんだよ。たとえば、猛《もう》スピードで走る車に割《わ》らせると、クルミは粉々《こなごな》にくだけちって、食べられなくなってしまう。また、自動車がよく通る場所でないと、効率《こうりつ》が悪い。一時間に数台しか通らない場所だと、ずーっと待っていなくてはならない。

反対に車が多すぎるのもこまる。クルミはすぐにひかれて割《わ》れるけど、どんどん車がくるから、食べる時間がなくなる。まごまごしていると、自分が車にひかれてしまうからね。

②自動車が走ってくる

③われたクルミを急いで食べる

ほどよく自動車が通っていて、ひかれる危険《きけん》がない場所というのは、それほど多くはない。それだったら空から落として割《わ》ったほうが、ちょっと大変《たいへん》だけど確実《かくじつ》に食べられるから、ほとんどハシボソガラスはこの方法《ほうほう》を使っているんだよ。

それでも、東北地方を中心に、自動車利用《りよう》をするハシボソガラスがいるのはなんでだろう。

たぶん、おもしろいんじゃないかな。割《わ》れるときに「パーン！」って大きな音がするから、「やったー！」と思うのかもしれないよ。とっても楽しそうだもんね。

でも、オイラたちは、空からクルミを落とすことすらできない。ホント、ハシボソガラスは器用《きよう》だなあ。

11
カラスは道具をつくる

カラスのウワサ ウソ・ホント？

いくらカラスが頭がよいといっても、さすがに道具までは作れないと思った？

ところが、カラスは道具を作って、それを使って食べものをとる技《わざ》を持っている。

もちろん、これはオイラの話ではない。外国のカラスにくわしいカーミラ夫人《ふじん》に教えてもらったんだ。

南太平洋のニューカレドニアという島には、道具を使うカレドニアガラスというヤツがいるんだそうだ。カレドニアガラスが作る道具は、なんと三種類《しゅるい》もある。

一つめはうちわのような形をした葉っぱから、茎《くき》の部分だけを切り取った棒《ぼう》の形の道具。幹《みき》の中にひそむカミキリムシの幼虫《ようちゅう》を、棒《ぼう》の道具の先にかみつかせて釣《つ》り上げてしまうんだって。

穴《あな》にただ棒《ぼう》をさしこむだけだと、幼虫《ようちゅう》は奥《おく》に入ってとれないから、棒《ぼう》の先をかみつかせて釣《つ》り上げるんだよ。

あまりの頭のよさにクラクラしそうだよ。

ほかの二つは、枝《えだ》の先をカギ状《じょう》に作った「フックツール」と、トゲトゲの大きな葉っぱの縁《ふち》の部分だけを切り取った「パンダヌスツール」という道具。

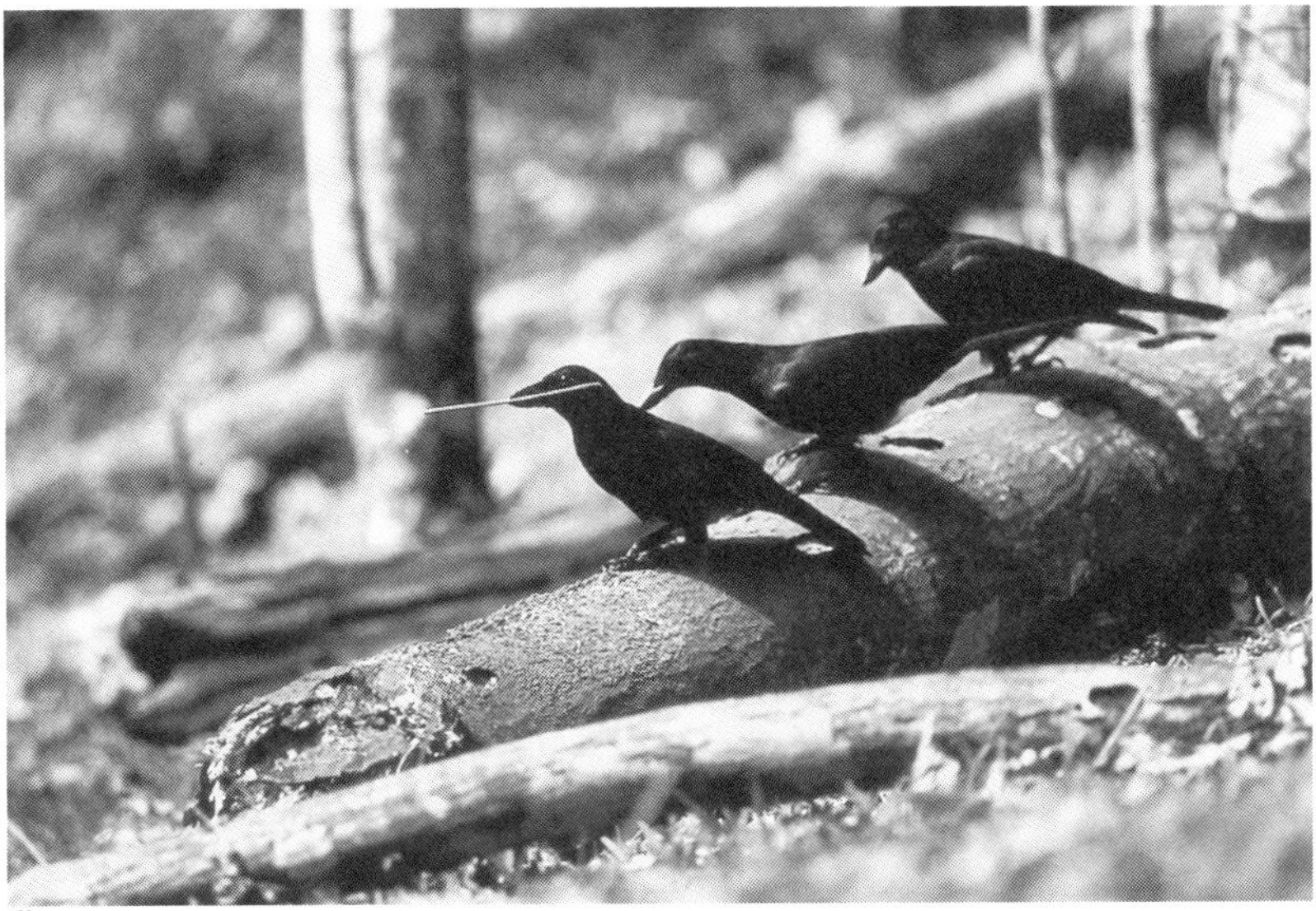

棒《ぼう》の道具をくわえるカレドニアガラス

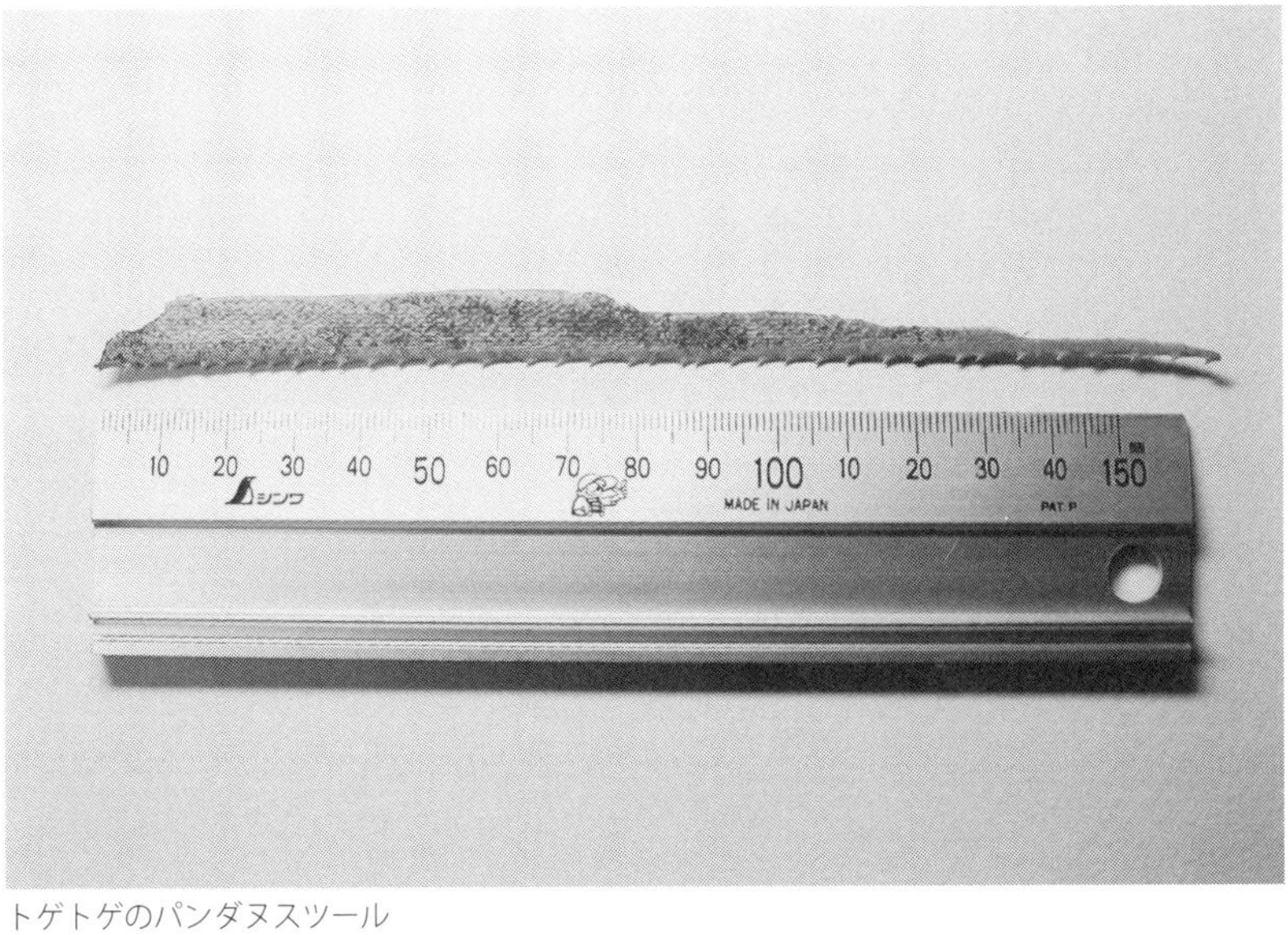

トゲトゲのパンダヌスツール

これらを、くちばしがとどかない木の穴《あな》の中にいる、ナメクジなどの生きものの体に引っかけて取り出すそうだ。

世界にはホント、ビックリするようなカラスがいるんだねえ。オイラもカーミラ夫人《ふじん》みたいに、いちど海外旅行に行ってみたくなってきたよ。

12

カラスと なかよくなるには あいさつをする

カラスの ウワサ ウソ・ホント？

ある人が、ゴミ置《お》き場《ば》でカラスに毎日あいさつをしたら、そこのゴミを荒《あ》らさなくなって、ほかのゴミ置《お》き場《ば》に行くようになったという、ニュースが流れた。それを聞いて、カラスは頭がいいから、「なかよくしましょう」とあいさつをするとわかってくれる、と思った人がけっこういたようだよ。

でも、ざんねんだけどこれはウソ。オイラたちカラスに、人間のあいさつなんてわかるわけないじゃん。そもそも「あいさつってなに?」と思うわけ。「おはよう」とか言って、片手《かたて》をあげて、にこにこしながら近づいてきたら、「こいつ危《あぶ》ないヤツじゃないカア」と、オイラたちはまず警戒《けいかい》する。それも毎日やられたら、もっと警戒《けいかい》して、近づこうなんて思わないね。だから、そんな危険《きけん》な場所はやめて、ほかに行ったというわけだろうね。

それにしても人間って、おもしろいねえ。どうしても、自分たちのジョーシキでカラスのことを見ちゃうんだね。カラスにはカラスのジョーシキがあるってことを知らずにさ、人間のジョーシキを当てはめちゃうんだ。だからオイラたちから見ると、トンチンカンな話になるわけだ。

オイラたちとなかよくしたかったら、もう少し冷静《れいせい》にカラスのことを勉強してほしいな。

13

カラスは神様だった

カラスのウワサ ウソ・ホント?

自分が神様だったかどうかって言われてもなあ。そんなのわからないよねえ。

そこで、こまったときにたよりになる、長老《ちょうろう》のスミじいに聞いてみた。すると、正確《せいかく》には神様じゃなくて、オイラたちは「神様の使い」だったそうだ。

キミは、サッカー日本代表のマークがカラスだってことを知っているかな？　知らない人はこんど、日本代表チームのユニホームの胸《むね》のところをよく見てごらん。カラスのワッペンが貼《は》られているのがわかるはずだ。

このカラスは、足が三本ある特別《とくべつ》なカラスなんだ。八《や》咫烏《たがらす》とも呼《よ》ばれ、こんな伝説《でんせつ》がある。

昔、神武天皇《じんむてんのう》が和歌山県の熊野《くまの》から大和《やまと》にむかうときに、山で道に迷《まよ》った。すると、ものすごく大きなカラスがあらわれて道案内《みちあんない》をしてくれ、無事《ぶじ》に大和《やまと》に着くこと

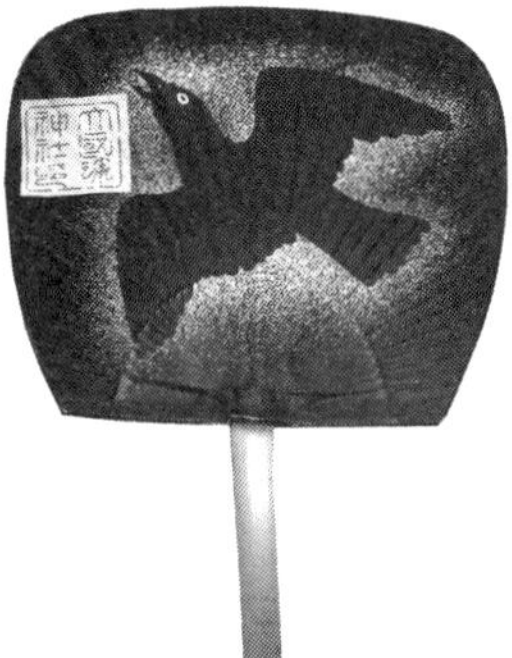
大國魂神社《おおくにたまじんじゃ》のうちわ（東京・府中市）

参拝《さんぱい》した人にカラスうちわを配る

ができた。そのカラスが八咫烏《やたがらす》で、天照大神《あまてらすおおみかみ》の使いだった、というわけ。だから、日本各地《かくち》の神社には、カラスを神の使いとしているところがたくさんあるんだそうだ。

この八咫烏《やたがらす》は、もともとは中国の神話に登場した、ともスミじいが言っていたな。古代の中国では、三本足の金色のカラスが太陽にすんでいて、不死鳥《ふしちょう》であると考えられていたんだって。足が三本なのは神の使いだから。中国では偶数《ぐうすう》は縁起《えんぎ》が悪くて、奇数《きすう》が縁起《えんぎ》がよいとされていたから、太陽の精《せい》である八咫烏《やたがらす》は、縁起《えんぎ》のよい奇数《きすう》の三本足になったんだとか。

三本足のカラスは、神の使いで縁起《えんぎ》がよい鳥だから、日本のサッカーに幸運をもたらすはずと、昭和六年に日本サッカー協会《きょうかい》のエンブレムに採用《さいよう》されたんだそうだ。

なんだか現実《げんじつ》のオイラたちとはイメージがちがうんで、

熊野那智大社《くまのなちたいしゃ》の絵馬

熊野那智大社《くまのなちたいしゃ》の午玉宝印《ごおうほういん》（お守り札）

ビックリすることばかりだよね。

そうそう。カーミラ夫人《ふじん》の話では、日本や中国だけではなく、アメリカやカナダ、ロシアなどでも、カラスは神の使いとして尊敬《そんけい》されているんだって。すごいだろ！（44ページのトーテムポールも見てね）

大きなワタリガラスが神の使いとされていて、さまざまな言《い》い伝《つた》えや伝説《でんせつ》が残《のこ》っている。世界を作ったのはワタリガラスだという言《い》い伝《つた》えもあるそうだ。

昔、現地《げんち》の人が狩《か》りをしていて、獲物《えもの》をつかまえると、いつのまにかワタリガラスがあらわれるので、神様のような能力《のうりょく》があると信《しん》じたんだろうね。

現在《げんざい》では、オイラたちカラスは、なんだかゴミの化身《けしん》のように思われているけど、こんな崇高《すうこう》なイメージの鳥でもあるということを、キミたちにも知ってほしいなあ。そうしたら、オイラたちを見る目が、少しはかわってくるんじゃないかな。

カナダ先住民トリンギット族のトーテムポール。まん中がワタリガラス（アラスカ州）

14

カラスのことわざ

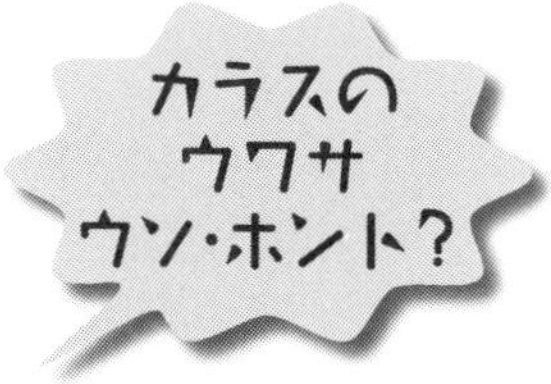

カラスが人間に身近な鳥だっていう証拠《しょうこ》に、カラスには、いろいろなことわざがあるのを知っているかな。

たとえば、お風呂《ふろ》に入ってすぐ出てくると、「**カラスの行水《ぎょうずい》**だったね」なんて言われたことはない？　カラスの水あびはとても時間が短いので、そんなことわざができたんだね。でも、じっさいには、ていねいに水あびをしているよ。それを長いか短いかなんて、人間の感覚《かんかく》で言ってもらってもこまるんだけどね。

目の横にできるしわを、「**カラスの足跡《あしあと》**」って呼《よ》んでいるね？　三本に分かれたしわが、カラスの足跡《あしあと》のように見えるからなんだろう。でも、お母さんの顔に「カラスの足跡《あしあと》があるね」なんて言ったら、怒《おこ》られるから気をつけよう。

「**闇夜《やみよ》のカラス**」。まっ黒なオイラたちが闇夜《やみよ》にいたら、どこにいるかわからない。だからこれは、区別《くべつ》がつかないという意味。たしかに、まっ暗闇《くらやみ》はいい隠《かく》れ場所だ。

「**烏合《うごう》の衆《しゅう》**」。これは、まったく関係《かんけい》がない人たちが集まること。じっさいに、ゴミに集まるオイラたちカラスは、まさに烏合《うごう》の衆《しゅう》だ。知らないヤツばかりのときがあるからね。もちろん知っているヤツもけっこういるんだけど、メンバーの入《い》れ替《か》わりは、はげしいんだ。

キミたちに、ぜひ知ってもらいたいことわざがある。それは、「**カラスの濡《ぬ》れ羽色《ばいろ》**」だ。まっ黒でつやのある美しい髪《かみ》の毛《け》の色を、こう呼《よ》ぶんだよ。オイラたちの羽《はね》の色をよく見た人がつくった言葉じゃないのかな?

オイラたちの羽《はね》は、ただまっ黒なだけじゃなくて、見る角度によって、むらさき色や青色に輝《かが》いて、とってもきれいなんだ。カラスの濡《ぬ》れ羽色《ばいろ》というのは、まさにこの美しい羽《はね》の色のこと! そこには不吉《ふきつ》なんてイメージはどこにもない。オイラたちを正しく評価《ひょうか》してくれているんで、とってもうれしいことわざなんだ。昔の人は、ほんとによくカラスを見ていたなあと感心しちゃうね。

ほかにもカラスのことわざは、ものすごくたくさんあるから、キミも調べてみるといいよ。きっとおもしろいことが発見できるはずだ。

おわりに「カラスは森をつくる」

さあ、オイラの話は、このへんでおしまいだ。もっともっと話したいことがたくさんあるけれど、きりがないからね。

どうだい、キミも、少しはカラスのジョーシキがわかったかなあ？

不吉《ふきつ》だとか凶暴《きょうぼう》だとか、ゴミを荒《あ》らす悪いヤツとか、ずいぶんきらわれているけど、オイラたちは、カラスのジョーシキにしたがって、一生けんめい生きているってことを、わかってくれたらうれしいな。

カラスなんて、なんの役《やく》にも立っていないと言う人がたまにいるけど、最後《さいご》にオイラたちがちゃんと役《やく》に立っていることがあるので、聞いてもらいたい。

それは「カラスは森をつくる」ってことだ。

第二章で、オイラたち木の実が大好《だいす》きだって言ってたのおぼえているかい？　木の実をかまないで丸のみしちゃうから、種《たね》もおなかの中に入るんだ。でも、種《たね》はかたいから、消化されずにそのまま糞《ふん》といっしょに外に出される。その種《たね》から芽《め》が出て、やがては大きな木に成長する。

ようするにオイラたちは、種《たね》まきの仕事をしているんだよ。植物もそのことをよく知っていて、オイラたちに食べてもらいたくて木の実をならせているんだ。植物の中には、カラスが食べないと芽《め》が出にくいものさえあるほど、たよりにされている。

それにカラスは、遠くまで飛《と》んでいくから、種《たね》も遠くまで運んでもらえるわけだ。ホント、植物が子孫《しそん》を残《のこ》すために、カラスはとっても重要《じゅうよう》な働《はたら》きをしているんだ。

また、カラスにとっては、自分の食べものをどんどん増《ふ》やしていることにもなる。そんなカラスと植物との関係は、ずっとずっと昔からつづいていて、日本の森は、カラスなどの鳥たちがつくったと言ってもいいんだよね。

自然《しぜん》というのはほんとうによくできていて、むだな生きものなんてなにひとついないんだ。これはキミたちだって同じだよ。社会にとってむだな人なんて、だれ一人いない。

だから、おたがいを尊敬《そんけい》しあって、仲《なか》よくくらしていかなければならないんだよ。

あとがき――相手のキモチ

柴田佳秀

ボクが本格的《ほんかくてき》に鳥を見はじめたのは、小学五年生のときからだ。探鳥会《たんちょうかい》という鳥を観察《かんさつ》する集まりに参加《さんか》したのがきっかけだ。そのとき、コゲラというキツツキに出会って、すっかり鳥の魅力《みりょく》にはまってしまったんだ。だから、もう四十年以上ずっと鳥を観察《かんさつ》している。

大学では、昆虫《こんちゅう》のアメンボを研究した。でも、鳥の研究観察《かんさつ》も同時に進めていた。鳥をやめるなんて考えられないからね。大学を卒業《そつぎょう》してからは、テレビの自然番組を作る会社に就職《しゅうしょく》をして、NHKのドキュメンタリー番組を作る仕事をはじめた。もちろん、テーマは鳥だ。ハクガンという鳥を追って、北極《ほっきょく》に三カ月半滞在《たいざい》したり、アフリカではフラミンゴといっしょに飛《と》ぶなんて貴重《きちょう》な経験《けいけん》もした。世界中を旅して鳥を映像《えいぞう》におさめてきたんだ。

でも、いちばんおもしろかったのは、カラスやスズメなどの身近な鳥たちだ。カラスの研究を始めたのは一九九七年から。東京のカラスの番組を作ったことがきっかけだった。

カラスの番組を作るとボクが言い出したときに、何人かの先輩《せんぱい》に「カラスは頭がいいので撮影《さつえい》がうまくいかなくて失敗《しっぱい》するからやめたほうがいい」と言われた。でも、実際《じっさい》に撮影《さつえい》をしてみると、そんなことはなかった。子どものころからずっと続けてきた鳥の観察《かんさつ》の技術《ぎじゅつ》があったからだ。

カラスたちは、カメラの前で、ほんとうにさまざまな姿《すがた》を見せてくれたんだ。それ以来《いらい》、どっぷりカラスの魅力《みりょく》にはまっているわけだ。そのおもしろさは、この本を最後《さいご》まで読んでくれたキミにはわかるよね。この本に書かれていることは、すべてボクが観察《かんさつ》したことなんだから。

カラスにかぎらず、生きものの観察《かんさつ》をするのには、ちょっとしたコツがある。それは、「相手のキモチになる」ことだ。「今、あのカラスはどんなことを考えてるんだろうな」と想像《そうぞう》してみる。たとえばゴミを食べているカラスは、よく鳴いているよね。でも、あれって黙《だま》って食べればひとりじめできるのに、なんでわざわざ鳴いて知らせるようなことをしているんだろうと不思議《ふしぎ》だ。きっと、他のカラスに来てもらいたい必要《ひつよう》があるんだろうな。じゃあ、どうして呼《よ》ぶ必要《ひつよう》があるのかな、と考えてみる。その答えは、第一章「カラスはうるさい」に書いたから、確認《かくにん》してみて。とにかく相手のキモチになってみると、動物の行動の意味が見えてきて、がぜんおもしろくなるんだよ。

みなさんも、ぜひ、相手のキモチになって生きものを観察《かんさつ》してみてください。

そして、普段《ふだん》の生活でも友だちやきょうだいなど、相手のキモチになって考えるくせをつけるといい。そうすると、きっとみんながハッピーになることまちがいない。ボクは、カラスの観察《かんさつ》を長年続けてきて、このことに気がついたんだ。相手のキモチを理解《りかい》して尊重《そんちょう》して暮《く》らすことが何より大切なことなんだと。

自由研究をしてみよう

その2　カラスのねぐらを突《つ》き止めよう

カラスがどこで寝《ね》ているか、この本を読んだきみはもう知っているね？

そう、大きな木にとまって寝《ね》ているんだ。それも、１羽《わ》ではなく、大勢《おおぜい》でね。

そこがカラスの「ねぐら」だよ。

きみの町のカラスはどこで寝《ね》ているんだろう。追跡《ついせき》してみよう。
＊用意するもの／地図、方位磁針《じしん》、双眼鏡《そうがんきょう》

（観察《かんさつ》の仕方）

１，カラスがねぐらに帰るのは、だいたい午後３時を過《す》ぎてから。

午後３時を過《す》ぎたら、カラスを探《さが》して、飛《と》んでいく方向を地図に書きこむんだ。


２，次に、べつの場所に移動《いどう》して、そこでもカラスが飛《と》んでいく方向を地図に書きこんでみよう。

そうやって、いくつかの地点で調べると、その方角のまじわった場所にカラスのねぐらがある可能性《かのうせい》が大きいんだ。

もちろん、直接《ちょくせつ》自転車でカラスをおいかけていってもいいけれど、車には十分注意をしてね。交通量が多い場所ではこの方法《ほうほう》はやらないほうがいい。事故《じこ》をおこさないように、十分注意をしてやってね。


３，記録《きろく》をまとめよう。

カラスがねぐらに帰るのは、何時ごろか。

ねぐらの場所は、どんなところか。
・公園？　神社？　並木？　・樹木《じゅもく》の種類《しゅるい》は？　・よく人がいるところ？　それともいないところ？
だいたい何羽《なんわ》くらいのカラスがいるのか。

数えきれなかったら、おおよその数でもかまわない。（○羽《わ》以上、○羽《わ》くらい）

ほかにもカラスについて調べたかったら、この本でも紹介《しょうかい》した「世界のカラス」や「日本のカラス」にどんなのがいるか、本やインターネットで調べたり、「カラスのことわざ」や、きみのすんでいる町の、どのゴミ置き場にカラスが来るか、来ないかなども調べられる。カラスはナゾがまだまだ多いから、すごい発見ができるかもしれない。

カラスをテーマに

その1　カラスの行水《ぎょうずい》時間はどのくらいか？

「カラスの行水《ぎょうずい》」ということわざを知っているかな？

この本を読んだきみなら、もう知っているよね。

じゃあ、実際《じっさい》のカラスの行水《ぎょうずい》時間はどのくらいなんだろう？

計ってたしかめてみよう。
＊用意するもの／ストップウォッチ、記録《きろく》用紙

（観察《かんさつ》の仕方）

1，まず、カラスが行水《ぎょうずい》する場所をさがそう。


木のたくさんはえている大きな公園の池などによく来るよ。

東京都内だと、代々木公園（渋谷《しぶや》区）、自然教育園（港区）、水元《みずもと》公園（葛飾区）などがあるね。

ほとんど毎日、午後になるとカラスは水あびに来るよ。カラスは、ねぐらのそばの池で水あびをすることが多いんだ。きみの町で、カラスのねぐらになっている木があれば、その近くの公園や池が水あびスポットになっているかもしれないよ。


2，観察《かんさつ》場所が決まったら、カラスの水あびの始まりから終わりまでの時間をストップウォッチで計ってみよう。


観察《かんさつ》するには、カラスからすこし距離《きょり》を置《お》いて見ることだよ。

双眼鏡《そうがんきょう》とかは使わないほうがいい。

近くで見たり、双眼鏡《そうがんきょう》で見たりすると、カラスは警戒《けいかい》して水あびをしないんだ。

見ていないふりをして観察《かんさつ》するのがコツだよ。うまくやってね。


3，記録《きろく》をまとめよう。


何羽《なんわ》も計ってみて、記録《きろく》しよう。

いちばん長かったのは何分？　みじかかったのは何分？

最長《さいちょう》時間、最短《さいたん》時間を記録《きろく》し、ほかの記録《きろく》もあわせて、平均《へいきん》時間も出してみよう。

ほかにも、天気や気温によって変わるのか、何日かにわたって計ってみよう。

おもしろい水あびの仕方があったら、それも記録《きろく》しよう。

もしかすると、夏の時期には、口の中が赤い若《わか》いカラスもいるから、若《わか》いカラスとほかのカラスの水あびの時間にちがいがあるか、調べてみてもいいね。
＊ある人がとったデータでは、一番長い水あびは、3分48秒《びょう》でした。

カラスのヒナをひろったら

ヒナが落ちている。たいへんだ、助けなければ！

地面にカラスのヒナがいたら、「巣《す》から落ちた！」と思うよね。

だから、「このままでは死んでしまうから、助けてあげよう」

そんな気持ちになるのもむりはないけど、ちょっと待って！

そのヒナは、巣《す》から落ちたのではないかもしれないよ。

この本を読んだきみなら、もう知っているよね。

カラスは飛《と》べないうちに巣立《すだ》ちをするから、そのヒナは、自分でおりたのかもしれないんだ。

そうだとしたら、親が近くで見守っているはず。

ひろったら、ゆうかいになっちゃうよ。


「でも、ネコがいたらおそわれちゃうよ！」

たしかにそうかもしれない。でも、カラスはペットではないんだ。

人間がひろっても、生きていくのはむずかしくなる。

もし、ひろってしまったら、すぐに元にいた場所にはなしてやるのがいい。

返すのが早ければ早いほど、助かる可能性《かのうせい》が高くなるんだよ。


カラスのヒナをひろって飼育《しいく》することは、法律《ほうりつ》で禁止《きんし》されているんだ。

カラスもふくめて、基本的《きほんてき》に野鳥はつかまえたり、飼育《しいく》したりしてはいけないと決まっている。

もし、ケガをしていたら、県庁（都・道・府庁）に連絡《れんらく》してね。

野鳥でもケガをしていたら、「傷病鳥《しょうびょうちょう》」といって保護《ほご》する制度《せいど》があるんだよ。

柴田佳秀（しばた よしひで）
科学ジャーナリスト、1965年東京生まれ。東京農業大学農学科卒。番組制作会社に勤務し、ディレクターとして「生きもの地球紀行」、「地球！ふしぎ大自然」などのNHK自然番組を多数制作する。2005年からフリーランスとして本の執筆・監修、幼児対象の自然観察会講師、教員研修会講師などを行っている。著作は『動く図鑑move鳥』（講談社）、『わたしのカラス研究』（さ・え・ら書房）など多数。所属：日本鳥学会会員、都市鳥研究会幹事、千葉県昆虫談話会会員、日本科学技術ジャーナリスト会議会員。

マツダユカ（まつだ ゆか）
静岡県出身。武蔵野美術大学視覚伝達デザイン学科卒。
在学中から鳥のおもしろい生態や個性的な形態をモチーフにしたイラストや漫画を制作。
漫画に「ぢべたぐらし」シリーズ（リブレ出版）、『きょうのスー』（双葉社）、『始祖鳥ちゃん』（芳文社）など。

＊編集　堀切リエ
＊装丁・デザイン　松田志津子

カラスのジョーシキってなんだ？

2018年1月11日　第1刷発行
2019年6月27日　第2刷発行

著　者　柴田佳秀
発行者　奥川 隆
発行所　**子どもの未来社**
〒113-0033 東京都文京区本郷 3-26-1-4 F
TEL 03-3830-0027　FAX 03-3830-0028
E-mail：co-mirai@f8.dion.ne.jp
http://comirai.shop12.makeshop.jp/
振替　00150-1-553485
印刷・製本　中央精版印刷株式会社

ISBN978-4-86412-132-3　C8045

そなえあれば うれいなし

かんたんおいしい防災レシピ

びちくでごはん 保存版

安全・防災・料理

NDC369 B5判
定価 1,500 円＋税
小学校中学年～一般
岡本正子・監修
粕谷亮美・文　杉山薫里・絵
ISBN978-4-86412-101-9

災害時に必ず話題になる備蓄。
春と秋に半年分の備蓄食材を使って料理をして食べることで入れ替えていくサイクルを提案。いざというときの防災の工夫や、備蓄のヒントと料理のレシピとアイデアが満載です。

子どもにもよくわかる。認知症入門コミック誕生！

知ってる？認知症　マンガ

ニンチショウ大使 れも参上！

道徳・保健

NDC369　A5判
定価 1,500 円＋税
小学校中学年～一般
高橋由為子・作／マンガ
菊地蔵乃介・解説／監修
ISBN978-4-86412-127-9

家族の心情、おばあちゃんの気持ち、ドタバタの毎日をあたたかく綴ります。商店街でも介護はホットな話題。認知症講座が開かれ、カフェも誕生！認知症への理解がすすんで、みんなに笑顔が戻ります。

100のQ&Aで、妖怪のすべてがわかる！

めざせ！妖怪マスター
おもしろ妖怪学 100夜

郷土の歴史・文化

NDC380 A5判
定価1,600円＋税
小学校中学年〜一般
千葉幹夫・文　石井 勉・絵
ISBN978-4-86412-107-1

「妖怪はいつからいるの？」「なぜ人間をおどかすの？」「カッパはなぜキュウリがすき？」など妖怪への100の疑問に答えます。子どもも読める初めての妖怪学入門書。全部読めば君も妖怪博士だ！

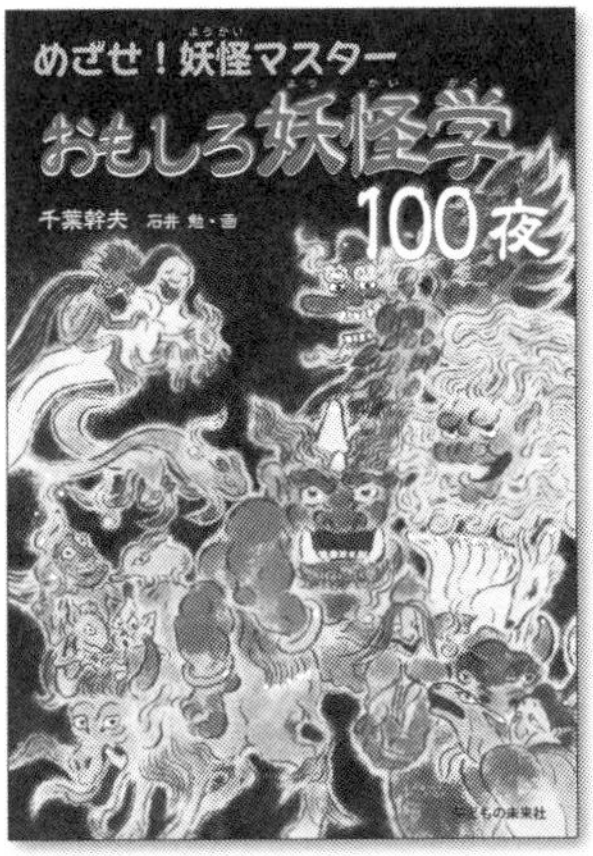

乗りもの歴史図鑑

人類の歴史を作った
船の本

交通・歴史

NDC682

定価 2800 円 + 税

小学校中学年～一般

A4 横判

ISBN978-4-86412-105-7

人類の歴史に大きな役割を果たしてきた船を、細部にこだわったイラストで紹介。乗り物好きな子どもから、日本史や世界史を学ぶ小中学生まで幅広くたのしめます！豆知識と年表・用語解説付き。

世界を代表する五人の科学者の伝記が
１冊で読める！

歴史を作った 世界の五大科学者

伝記・科学史

NDC283　A5判
定価 2,500 円＋税
小学校中学年～一般
手塚治虫・編
大石　優・解説
ISBN978-4-86412-130-9

マンガの神様手塚治虫監修。

マンガだからわかりやすく、おもしろい！　５人の物語に思わずじ～んとくる。通して読めば、科学の歴史が見えてくる。

科学の歴史・入門として最適。

解説＆科学史年表付。